JN299702

現代設計工学

石川　晴雄
編著

中山　良一　　井上　全人
共著

コロナ社

まえがき

　本書を書き始めた頃の2011年3月11日，想像を絶する甚大な被害を引き起こした東日本大震災が発生した。この震災被害の深刻さのひとつは，福島にある東京電力原子力発電所の崩壊ともいうべき破壊である。水素爆発，圧力容器のメルトダウンなどによる放射能の拡散汚染が起きたのである。最先端科学技術の粋を集めた原子力発電所の崩壊について，これまで光り輝いていた科学技術の影を目の当たりにして，多くの人が科学技術への懐疑心をもち始めるとともに，科学技術に従事する専門家のなかには，従来の科学技術が要素還元主義であったことに深刻な反省を示す人たちもいる。異分野や環境も含めた総合的・融合的検討・研究，そしてその結果としてのものづくりの新たなあり方の重要性の指摘である。

　設計工学では，製品設計は解析と総合の往復であるといわれている。解析は部品，ユニット，製品を対象にして，基本的には関係する物理現象のモデルと境界条件を単純化して行われる。総合は解析の結果を集合し，製品としての性能が満足できるかどうか判断する。判断できなければ，必要な解析のモデルとその初期条件，場合によっては境界条件の修正を行うことになる。大事なことは，解析結果の集合の際に，解析モデルの適用範囲と解析結果間の関係性の把握および解析で与えた境界条件の妥当性の評価である。実際の製品はさまざまな意味で複雑化してきている。その適用性・関係性の把握と境界条件の妥当性評価は，総合にとって重要である。こうした解析と総合は，実際の設計のプロセスのなかでレベルを深化させながら繰り返し実行される。

　筆者は，これまで研究活動の関係で製造メーカーの設計技術，製品開発に従事されている方々と交流をさせていただいた経験が多い。そのなかで，製品設計においては，機械要素設計の重要性とともに，総合の観点から設計プロセス

の構成とその意味を知ることの重要性を学んできた。一方，従来の機械系の設計工学の学生向けの著作物には，設計のプロセスの重要性に着目し，これを中心に書かれたものは比較的少ない。

　筆者自身は過去数年，大学で設計工学の科目を授業担当してきているが，設計プロセスの観点から独自の講義ノートをつくり，講義に臨んできた。本書はこの講義ノートをもとに新たに原稿を書き下ろした著作である。しかし，書籍としてまとめるにあたっては，既存の多くの書籍からも内容的な引用をさせていただいた。特に『機械工学便覧』（日本機械学会），『JIS ハンドブック』（日本規格協会），および機械設計全般について簡便にまとめた『ハンディブック機械』（オーム社）については，参考にさせていただいた内容も少なくない。ここに記して感謝の意を表したい。

　本書は全 8 章から構成されている。第 1 章が機械と設計，第 2 章が設計のプロセス，第 3 章が材料の選択，第 4 章が設計と機械要素，第 5 章が設計と 3 次元 CAD モデリング，第 6 章が設計と解析，第 7 章が設計と機械加工，第 8 章がメカトロニクス設計である。このうち第 2 章では，本書の主題である設計プロセスそのものについてまとめた。ページ数的にも全体の約 1/3 を占める。第 3～7 章は，設計プロセスの各段階に関係する個別的内容について設計の観点からまとめている。第 8 章は，近年の一般的製品形態がメカトロニクスに基づくこともあり，メカトロニクスの観点から各種製品の基本構成を目的性能に関連してまとめたものである。

　また，設計に関する話題などを「コーヒーブレイク」として七つ紹介した。設計工学を学ぶ楽しさの一端を感じていただきたい。

　最後に，本書の出版の機会を与えていただいたコロナ社に御礼申し上げる。

　2012 年 2 月

石川　晴雄

　執筆分担
　　第 1～5 章，7 章　石川晴雄／第 6 章　井上全人／第 8 章　中山良一

目　　　次

1. 機械と設計

1.1 機械とは何か ………………………………………………………… *1*
1.2 機械の構成単位 ……………………………………………………… *7*
1.3 設計とは何か ………………………………………………………… *11*
　1.3.1 設計と目的 ……………………………………………………… *11*
　1.3.2 設計のアプローチ ……………………………………………… *14*
　1.3.3 多様な要求と設計 ……………………………………………… *15*
　1.3.4 設計の自由度 …………………………………………………… *16*

2. 設計のプロセス

2.1 設計プロセスの全体像 ……………………………………………… *18*
2.2 製品設計企画 ………………………………………………………… *18*
　2.2.1 製品企画 ………………………………………………………… *18*
　2.2.2 設計企画 ………………………………………………………… *21*
　2.2.3 製品企画と設計企画の事例 …………………………………… *23*
2.3 概念設計（機能設計） ……………………………………………… *25*
　2.3.1 機能展開 ………………………………………………………… *25*
　2.3.2 設計解原理の探索 ……………………………………………… *29*
2.4 初期設計（設計解原理の組合せと評価） ………………………… *34*
　2.4.1 設計解原理の組合せ …………………………………………… *35*
　2.4.2 組合せ結果の評価 ……………………………………………… *37*

2.5 詳細設計……………………………………………………………………39
　2.5.1 詳細設計における事前的検討……………………………………40
　2.5.2 設計対象の性能実現と構造化……………………………………43
　2.5.3 多目的設計…………………………………………………………46
　2.5.4 設計とCADと解析…………………………………………………50
　2.5.5 制約条件……………………………………………………………52
2.6 ライフサイクル設計（コンカレントエンジニアリング）……………66

3. 材料の選択

3.1 設計と材料……………………………………………………………………71
　3.1.1 設計性能と材料性能………………………………………………71
　3.1.2 設計と加工…………………………………………………………74
　3.1.3 設計とリサイクルなど……………………………………………75
3.2 材料の選択指針………………………………………………………………79
　3.2.1 機械的性質…………………………………………………………79
　3.2.2 金属材料の引張試験と規格………………………………………81
3.3 基本的材料……………………………………………………………………85
　3.3.1 金属材料……………………………………………………………86
　3.3.2 鉄鋼材料……………………………………………………………87
　3.3.3 アルミニウム材料…………………………………………………88
　3.3.4 非金属材料…………………………………………………………92

4. 設計と機械要素

4.1 設計プロセスと機械要素……………………………………………………96
4.2 標準化と要素…………………………………………………………………99
4.3 要素の種類と選択方法………………………………………………………100
　4.3.1 ねじ要素……………………………………………………………100
　4.3.2 キー，スプライン…………………………………………………105
　4.3.3 軸継手………………………………………………………………108

4.3.4 転がり軸受け……………………………………………… 109

5. 設計と3次元CADモデリング

5.1 3次元CAD開発の背景……………………………………… 113
5.2 3次元形状モデル…………………………………………… 114
5.3 設計とモデル表現機能……………………………………… 117
   5.3.1 パラメトリック機能………………………………… 117
   5.3.2 フィーチャーベース機能…………………………… 118
5.4 3次元CADシステムの特徴………………………………… 120
5.5 設計プロセスと3次元CAD………………………………… 122
5.6 3次元CADモデルの価値…………………………………… 125

6. 設計と解析

6.1 解析の目的とシミュレーションの意味…………………… 128
6.2 解析の種類…………………………………………………… 128
6.3 弾性体の解析………………………………………………… 129
   6.3.1 2次元弾性体の有限要素解析……………………… 130
   6.3.2 有限要素法解析例…………………………………… 141

7. 設計と機械加工

7.1 設計プロセスと機械加工…………………………………… 145
7.2 機械加工の種類,工作機械………………………………… 146
   7.2.1 切削加工……………………………………………… 146
   7.2.2 研削加工……………………………………………… 150
   7.2.3 鋳造加工……………………………………………… 152
   7.2.4 塑性加工……………………………………………… 155
   7.2.5 鍛造加工……………………………………………… 155

7.2.6 押出し加工 ································· 157
7.2.7 引抜き加工 ································· 158
7.2.8 圧延加工 ··································· 159
7.2.9 プレス加工 ································· 160
7.2.10 曲げ加工 ··································· 160

8. メカトロニクス設計

8.1 はじめに ·· 162
8.2 メカトロニクスの進歩 ···························· 164
8.3 メカトロニクスの構成要素 ······················· 166
　8.3.1 機構 ·· 168
　8.3.2 アクチュエータ ······························ 168
　8.3.3 センサ ······································ 170
　8.3.4 制御系 ······································ 171
8.4 メカトロニクスを利用した事例について ··········· 172
　8.4.1 数値制御を組み込んだ工作機械 ················ 172
　8.4.2 産業用ロボットを利用した自動化工場 ·········· 173
　8.4.3 半導体製造装置 ······························ 177
　8.4.4 自動車のメカトロニクス利用 ·················· 179
　8.4.5 郵便番号自動読取り区分装置 ·················· 181
　8.4.6 エスカレータ，エレベータ ···················· 182
　8.4.7 自動販売機 ·································· 184
　8.4.8 自動改札機 ·································· 185
　8.4.9 電子料金収受システム（ETC） ················· 186
　8.4.10 自動預け払い機（ATM） ······················ 187
　8.4.11 全自動洗濯機 ······························· 188
　8.4.12 ハードディスクドラブ（HDD） ················ 189
8.5 メカトロニクスの将来 ···························· 190

引用・参考文献 ·· 192

索　　引 ·· 195

1
機 械 と 設 計

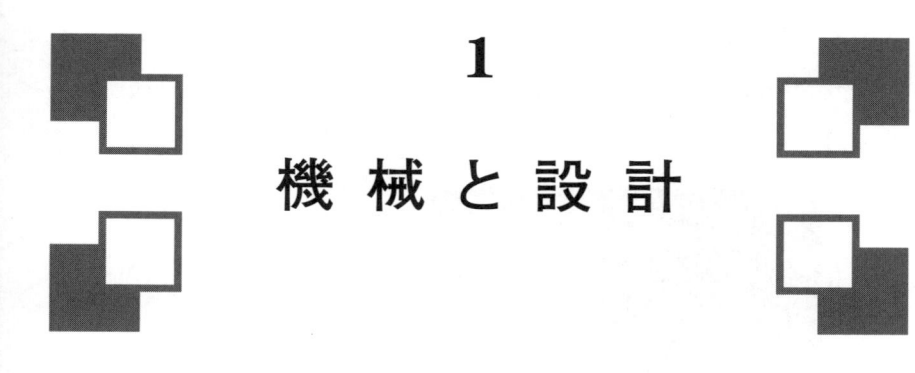

1.1 機械とは何か

　私たちの生活，産業，社会は，数多くの機械がそれらに組み込まれた形で存在していて，機械の存在なくしては成立しない．生活の場を見てみれば，食生活の場面では，炊飯器，冷蔵庫，電子レンジなどがあり，情報のやり取りの場面では，パーソナルコンピュータ（以下，パソコン），携帯電話，テレビジョン（以下，テレビ）などがあり，移動の場面では，航空機，自動車，自転車などがあり，駅に行けば自動発券機や自動改札機がある．それ以外にも，さまざまな掃除機，洗濯機，簡単な工具類も家庭にとっては必需品であろうし，製造企業によっては各種ロボット，工作機械なども必要とされる．このように，私たちは多種多様な機械に直接的，あるいは間接的に囲まれて生活や社会を維持しているし，それらの内容も日進月歩ともいうべき技術開発の進展の流れのなかにある．

　一方で，機械は，歴史的にはおおむね人類の文明とともに存在していたと思われる．1902年，今から2000年以上前の古代ローマ時代の機械らしきものが地中海のクレタ島近くの海底から発見され，「アンティキティラ島の機械の謎」と騒がれた．その後2006年，巨額の費用を費やした調査チームによって，この機械はメカニカルな計算機であり，天体，特に太陽と月および惑星の運行を追跡するために設計されたと報告されている．また，中国の資料（蘇頌の著書『新儀象法要』）には，北宋時代（1087年）に水運儀象台という天体の運行を

もとにして時刻を示す天文観測時計塔が設置されていた，とあり，水を動力源としていたので水時計ともいわれている[1)〜3)†]。その復元展示品は諏訪湖の「諏訪湖 時の科学館（儀象堂）」に展示されている（**図1.1**）。

図1.1 諏訪湖 時の科学館（水運儀象台[3)]）

現在使用されている機械や装置のなかには，その原型がこうした歴史のなかで発明され，改良が加わり，現在の製品に至っているものも多い。例えば，最初の自転車（「ドライジーネ」という）はドイツのドライス（Karl Drais）によって1817年に発明された。2輪を縦に並べ，ハンドルをもち，座席に座って地面を足で蹴って進む木製の乗り物（**図1.2**）であったが，ホビーホース（hobby horse）として大流行したようである。その後，ペダルによる直接後輪駆動，前輪へのペダルとクランクの装着，センターステアリング型ヘッド，チェーンによる後輪駆動へと発展してきている（コーヒーブレイク③参照）。また工作機械の一種である旋盤の原型の一つは，**図1.3**に示すように弓を動力源にするものであった[4),5)]。イギリスのモーズリ（H. Maudslay）は1797年，刃物を載せる送り台の付いた旋盤（**図1.4**）を考案し[4),5)]，現在の旋盤の

図1.2 最初の自転車「ドライジーネ」と同種のもの（自転車文化センターにて著者撮影）

---

† 肩付数字は，巻末の引用・参考文献の番号を表す。

1.1 機械とは何か　　3

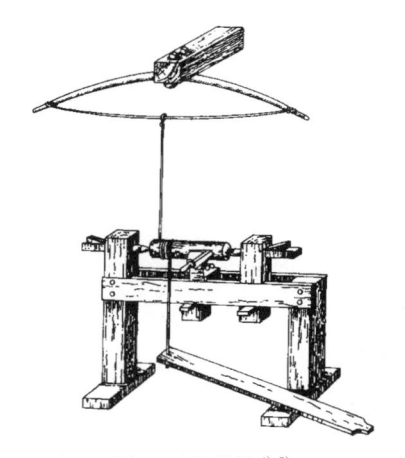

図1.3　弓旋盤[4),5)]　　　　　図1.4　モーズリの送り台付き旋盤[4),5)]

基本的構造を備えるようになった。

　このように，機械は歴史的にもさまざまな種類のものが発明されてきている。本書では，基本的には機械に関する設計工学を扱うので，まず設計工学で扱うところの機械とは何かについて，その定義を説明する。

　歴史上，初めて「機械（machine）」についての定義が示されたのは，紀元前のウィトル-ウィウスによる書籍『建築書』であるといわれている[6)]。書籍のタイトルが示すように，当時の主要な事業であった建築の分野において用いられていた装置をもとにした定義であり，「重い物体を比較的容易に移動させることが可能な装置」と定められている。図1.5に示すように木製の枠で重

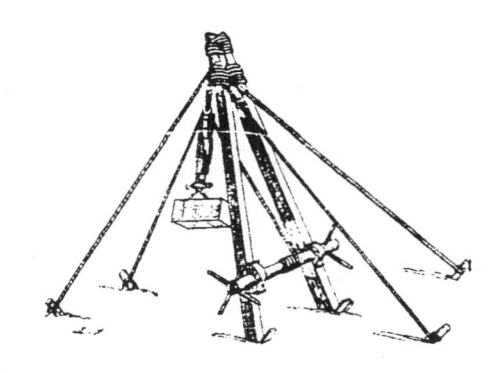

図1.5　ウィトル-ウィウスによる『建築書』（紀元前）に説明されている機械（装置）[6)]

いものを吊り上げ，移動させたものと思われる。

17世紀にはツァイジングにより，ほぼ同様な定義「重荷の移動に対して優れた本質をもつ一組みの木製の装置」が示されている。

その後，1785年のワット（James Watt）による蒸気機関の改良により，蒸気機関はイギリスにおける産業革命（18世紀後半～19世紀前半）においても紡績機，蒸気機関車，あるいはそれらを製造する工作機械など，それまでのおもに建設業にかかわる機械だけではなく，さまざまな機械の動力源として使用されていく。こうした大きな工業の変化の時代を経て，19世紀に至ってなされた機械の定義が，フランツ・ルーロー（Franz Reuleaux）によりその著書『機械の力学』のなかで与えられている。この定義はその後の機械の定義に影響を与えたといわれている[7]。その内容は，以下の4項目からなる。

① 機械の構成部分は数個の物体から成立していること。
② 各構成部分は一定の相対運動を行うように拘束されていること。
③ 各構成部分はそれを通して伝達される力に耐えるだけの強度を有すること。
④ 動力源から与えられたエネルギーを変形して有用な仕事をすること。

私たちの身近な生活，あるいは社会に存在する機械的なものを類型化する表現には，機械のほかに，工具，器具，機器，装置，構造などがある。ここでは，まず私たちの身近にもある工具に注目し，ルーローの定義に従って，機械との違いについて説明をしよう。

工具にも多種多様なものがあるが，例えば，機械工作用の刃物類，測定のための道具，家庭でも作業用として使用するドライバやのこぎりなどである。これらは，上記の①，③の項目は満足している。しかし，②の相対運動が存在しないことと，④の必要な動力源が人力であることで機械の定義を充足しない。

器具は元来，人間の感覚に基づく判断，認知を補助する時計や測長機などであるが，最近は調理器具など使用対象範囲が拡大している。**構造**については，その意味するところは，まず橋梁，塔などの建設・土木における構造がある。あるいは，機械の構造という表現もあるが，この場合の意味は，機械のメカニ

ズムおよびシステムを指す場合と，機械の躯体を指す場合がある．橋梁などや機械の躯体はおもに荷重を支える役割を担うが，ここではこれらについて焦点を当てるものとすると，構造は機能を発揮するための相対運動やエネルギーの変形・伝達がないので，②と④の項目が対応していない．一度設置すれば，そのままの状態を維持するのが本来の機能である．

機器や**装置**については，計測を例にとると，計測機器，計測機械，計測装置など，実際上，さまざまな表現が個別対象について用いられている．装置はルーローの定義の②に示されるような機構としての運動的要素は少ない．機器は，複数の機械や装置の種類的総称として用いられることが多い．物理的なハードウェアとして存在するもの，運動を機構の基本とするもの，あるいはそれらがシステム化されたものなどによっても，時として表現が異なる．辞書『大辞林』（三省堂）によれば，機械とは，「**動力源から動力を受けて一定の運動を繰り返し，一定の仕事をする装置**」とあり，機械は装置である，と表現さ

コーヒーブレイク ❶

機械と器械

矢田氏の調査[8]によれば，「機械と器械」について，つぎのようないわれがあるようである．

紀元前の時代から，漢語ではもともと仕掛けのあるものが機械，道具は器械と表現されていたようで（『荘子』外編天地 11，『韓非子』第 15 巻 第 37 篇 難二），日本でもこの影響を受け，5 世紀頃は，糸から布を紡ぐ「はたおり」は「機織り」と書き，その装置は機械であった．しかし室町時代以降，洋式時計は道具として扱われ，器械として認識されていたようである．

黒船の来航とともに目を覚まされた幕府は，欧米の文化を吸収すべく，幕府や雄藩の有能な人材を外国に派遣し，見聞録を残した．これらの人々は欧米での蒸気機関の存在に目を見張る思いをし，それを蒸気器械，その他の機械類も器械として記述している．

現在の意味での機械が使われるきっかけをつくったのは，明治 5 年（1872）田代義矩が著した『図解機械事始』ではないかと思われる．この書は機械工学の入門書であるが，その序文では上述の荘子の一節を引用し，器械から機械への転換の意味を強調している．

れている。

　一方，近年，機械が扱う機能や入力・出力としての物理量については，機械（力学）的な仕事や機械（力学）的諸量（力，変位，エネルギー）だけではなくなってきた。それらが意味する内容の範囲が広がるとともに，情報処理技術やエレクトロニクスなどの発展により，ここまで述べてきた機械の定義や概念も変化してきている。

　新たなエネルギーを動力源とする機械として，例えば，風力，潮力に基づく発電機，圧縮した空気と燃料の燃焼により推進力を得るジェットエンジン，太陽光をもとに電荷陽イオンによって推進力を得るイオンロケット，熱エネルギーを動力源とするアクチュエータとしての形状記憶合金を用いた内視鏡，給湯器の蛇口，火災報知器など，化学エネルギーを力学エネルギーに変換するメカノケミカル機構などさまざまである。また，各種情報を入力とする場合もある。コンピュータは，計算機械あるいは情報処理をする機械ともいわれている。その入力情報の物理的実体は電気信号という物理量である。

　以上のように，機械の入力，出力およびそれらを関係付けるメカニズムのいずれも，ルーローの定義やその延長上にある機械の定義だけでは説明できない各種の機械が実現されている。このような実情もあり，機械の定義をつぎのように一般化することも提案されている[9]。

　機械とは，「物理量を変形したり，伝達したりして，人間に有用な働きをす

コーヒーブレイク ②

アンティキティラ島のミステリー

　1901 年，エーゲ海に浮かぶギリシャの島アンティキティラの沖合いの沈没船から回収された機械は，30 以上の歯車や三つの表示盤をもつ機械であった。製作は紀元前 150 年〜100 年（古代ギリシャ時代）とされている。この機械の目的は，天動説に基づいて天体の位置を計算するための最古のアナログ計算機ではないか，といわれている。文字盤の一つには Olimpia の文字が書かれていることも発見されている。このことから，古代ギリシャのオリンピックの開催日の計算にも使用されたかもしれない。

るもの」である。**図1.6**に示すように，入力が物理量，出力が有用な働き，中央のMが変形・伝達する機械になる。

いずれにしても，機械は，「有用な仕事あるいは働き」という目的をもって設計・製造されていることは変わらない事実である。

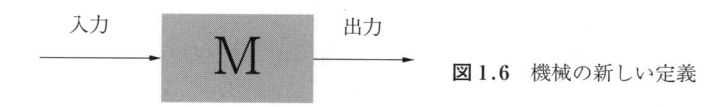

図1.6 機械の新しい定義

1.2 機械の構成単位

機械を構成する基本単位は**部品**（パーツ）あるいは**機械要素**である。**機素**ともいう。機械要素は必要とされる製品の分野にかかわらず，どのような機械においても使用できるような基本的な要素であり，**JIS**（Japanese Industrial Standard, **日本工業規格**）などで標準品として規格化されていることが多い。JISハンドブック機械要素によれば，機械要素には，ねじ，ボルト，ナット，座金，ピン，止め輪，スプライン，キー，軸継手，ボールねじ，転がり軸受け，滑り軸受け，歯車，チェーン，ベルト，シール類などがあり，寸法，材質などが規格化されている（詳しくは第4章参照）。国際的にも**ISO**（International Organization for Standardization, **国際標準化機構**）により規格化されている。

これらの機械要素を目的機能ごとに分類すると，**表1.1**のようになる。表にあがっている例の表示は，目的機能の種類の総称ともいえ，それぞれにはさ

表1.1 機械要素の例

目的機能	機械要素の例
締結要素	ねじ，ボルト，ナット，リベット
連結要素	キー，止め輪，スプライン，ピン，軸継手
運動伝達要素	軸，軸受け，チェーンとスプロケット，ベルトとベルト車，歯車，カム
緩衝要素	ばね
流体要素	管，シール類，圧力容器

らに細かい目的ごとにいくつかの具体的種類がある．例えば，**運動伝達要素**の軸には，**伝動軸**（おもにねじり荷重を受ける：一般にはシャフト，工作機械の主軸などはスピンドルという），**車軸**（おもに曲げ荷重を受ける：アクスルという），**プロペラ軸**（おもにねじりと引張／圧縮荷重を受ける：プロペラシャフトという）がある．

機械要素より規模的に大きく，機械を構成する機能単位または構造単位であって，明確な目的を有している単位として**ユニット**（**モジュール**ともいう）がある．例えば，自動車でいえば，エンジン系，燃料システム系，照明系，トランスミッション系，排気系，エアコン系などであり，これらはユニットとして，自動車メーカーとの協調のもとでサプライヤーにおいて設計・製造され，自動車メーカーに供給されることが多い．ユニットには，自動車の場合以外にも，ポンプ，モータ，熱交換器，荷重計（ロードセル），油圧ユニット，太陽電池モジュールなど多種多様なユニット製品がある．**図 1.7**は油圧ユニットの例であり，入力としての電力によるモータを駆動源として，ポンプによりタンク内の油を高圧にしてアクチュエータ（油圧シリンダ）に送る装置である．アクチュエータを作動させた油はタンクに戻る．

機械要素やユニット（モジュール）などから構成されるものが機械（装置）である．しかし，例えば図 1.7 の油圧ユニットの例を見ると，あるいは前述したようにその一部もまたユニット（ポンプやモータ）である．例えば，ポンプも一例をあげると，小型渦巻ポンプユニットとして定義されている（JIS B 8313）．

また機械要素も種類によっては，さらに小さい機械要素（部品）から構成されている．**図 1.8**は転がり軸受け（その一種である玉軸受け）の内部の構造[10]を示しているが，玉，保持器，外筒などから構成されている．これらは部品である．機械設計の立場からいえば，機械の種類にかかわらず，**標準化（規格化）**されるなど，共通的に利用できる一般性の高い部品に相当するものは機械要素である．つまり機械設計としては，機械要素はその内部構造を設計対象とすることはないが，機械要素設計の立場からいえば，軸受けの玉や外筒

図 1.7 油圧ユニット（インストロン社製，電気通信大学保有：筆者撮影）

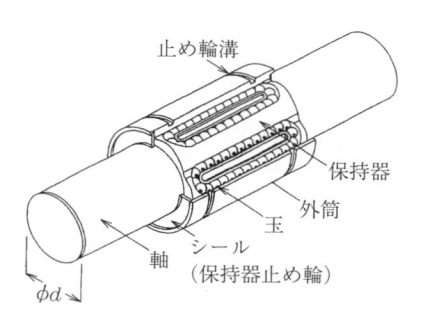

図 1.8 転がり軸受け（玉軸受け）の内部構造 [10]

なども設計対象になりうる。

　ユニットについても種類によっては，名称やその構成要素などが規格化されるなど標準性の高いものもある。例えば，機械ユニットの例として，前述の油圧ユニットは JIS 規格（JIS B 0142：油圧および空気圧用語）では「ポンプ，駆動用電動機，タンク，およびリリーフ弁などで構成した油圧源装置，またはこの油圧源装置に制御弁も含めて，一体に構成した油圧装置」として，その構成要素が定義されている。しかし JIS によってこのように定義，位置付けはされているが，多くは油圧ユニットとしての規格化はされず，構成要素であるポンプなどが前述のように規格化されていることもあって，個別機械の設計において固有の目的をもつユニットとして設計されることが多い。

　表 1.1 の運動伝達要素に含まれる要素例として，軸，軸受け，チェーンとスプロケット，ベルトとベルト車，歯車に関してそれぞれの具体例をあげる。その他の例については JIS 規格を参照されたい。第 4 章でも機械要素の種類と JIS 規格との関連について説明する。

　軸要素には，前述のように伝動軸，車軸，プロペラ軸などがある。軸受けを潤滑法によって分類すると，すべり軸受け，転がり軸受けなどがある。支持す

る力の方向によって分類すると，ラジアル軸受け，スラスト軸受け，アンギュラ軸受けなどがある。歯車による運動伝達には歯車対，遊星歯車装置，差動歯車装置などがある。これらに使用される歯車の種類としては平歯車，はすば歯車，ねじ歯車などである。ベルト伝達の場合にはプーリ（ベルト車）とベルトが関係する。チェーン伝達の場合にはローラチェーン，サイレントチェーンなどがある。

これらの多くは，国際的に規格化（ISO）あるいは各国ごとに規格化（JISなど）されている。

結局，設計の規模の違いによる具体的機械の分類としては
① 機械要素（部品の集合）
② ユニットまたはモジュール（機械要素と部品の集合）
③ 機械〔ユニット（モジュール），機械要素，部品の集合〕
④ 装置〔機械，ユニット（モジュール），機械要素，部品の集合〕

のようになる。このうち④の装置については，種類にも依存するが，特に大きな設計規模であるプラント（例えば石油精製プラント）などは，ルーローの機械の定義のうちの少なくとも全体的に機械的運動をもとに基本機能が達成されているわけではないので，本書では機械としては扱わないものとする。

一方，コンピュータは，かつては計算機械といったときもあったが，機能としては計算だけではないので，いわば情報処理装置ともいうべき内容である。

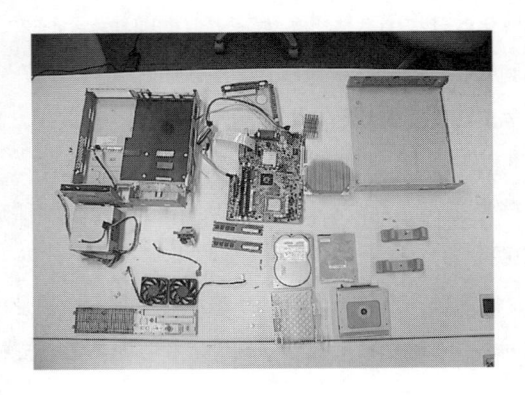

図1.9 パソコンの分解状態の写真

やはり装置全体としては機械的運動をもとにした基本機能でないので，機械としては，本書では扱わない。**図1.9**にパソコンの分解状態の写真を示す。いくつかのユニットから構成されていることがわかる。

しかし，プラント，コンピュータとも，全体としては装置だが，その部分（ユニットなど）としては，機械的運動を機能とするものも含むことはよくあることでもある。したがって，本書では機械的運動をもとにした基本機能を有する要素，ユニット，装置を機械とする。

1.3 設計とは何か

1.3.1 設計と目的

1.2節でも述べたように，機械はその定義からしても「有用な仕事あるいは働き」をする具体的な機能の実現を目的としていて，個人や社会の生活および生産活動などにおいて実際に使用されることが意図されている。その目的実現のために，多くの理工学の原理や既存の技術や情報が利用され，あるいはさまざまなアイデアが創造されている。

したがって設計とは，機械の**目的の明確化**，そこからの**機械機能の抽出**，それを実現する**機構（メカニズム）**の決定，その**構造化**（材質，形状，寸法，配置など），多目的な**要求の満足化**（組立性，安全性，信頼性，コスト，環境対応，操作性，デザイン性など），製品化（制御関連の部品やユニット，ワイヤハーネス，指示盤，動力源など），などについて検討し，検討結果を設計書，計画図，部品図，組立図〔図面のかわりに3次元CAD（computer aided design）情報も一般化しつつある〕として表現することである。

設計作業の枠組みの目的と位置付けの観点から考えると，設計にはつぎのような種類がある。

① **開発設計**：新しいニーズに対応した機械，新しい原理や現象を活用した新規の機械の設計。実際の製品設計においては，こうした完全な開発設計の割合は大きくはなく，10%以下といわれている。

② **改良設計**：既製品と同じ原理や機能を用いているが，性能や生産性を向上させた機械の設計。以下の③と④は，改良設計についてそれぞれの観点から焦点を当てたときの設計で，改良設計とは部分的に重なることもある。

③ **スケールアップ・ダウン設計**：利用の能力と効率の増大，あるいは価値の増大のために大型化を目的とする機械（建設機械など），または，同じく利用の効率，価値の増大のために小型化（いわゆる「軽薄短小」，例えば，ノートパソコンはより軽く，薄く）を目的とする機械の設計。

④ **修正設計**：当初設計，基本設計の内容の一部を変更修正する設計，あるいは既製品の仕様の一部を不具合あるいは新たな用途開発のために変更修正する機械の設計。

⑤ **模倣設計，流用設計**：おもに他社の製品や現物から設計製作図面を再生（コピー）した機械の設計。

⑥ **定型的設計**：『機械工学便覧』や参考書などにより，設計計算の基本的な部分の設計内容や手順が確立していて，ルーチン化している設計を定型的設計という。ただし，材料，具体的形状，寸法などは与えられた目的性能の仕様などに基づいて設計者が決める。例としては，歯車減速機や手巻きウインチなどである。

日本の技術化の歴史は，明治維新以後の西洋の技術導入，流用，修正，改良，そして開発の典型的な繰返しの歴史であったと思われる。**図 1.10** には明治時代に輸入されたブラッド紡績機械の写真[11]を示す。この機械の導入による産業の興隆は大きかったといわれている。

図 1.10 ブラット紡績機械の写真（旧三井物産が明治時代に輸入）[11]

コーヒーブレイク ③

自転車の改良設計の歴史

　自転車を最初に開発したのは誰かについては諸説があるようである。1791年にシブラクという人が自転車の原型（セレリフェールといっていた）を開発したという話もあるが，後日の研究で否定されている。

　1817年にカール・フォン・ドライスは，開発した自転車「ドライジーネ」について特許申請を行い，これが翌年認められている。こうしたこともあってドライスは「自転車の父」と後日いわれるようになる。

　「ドライジーネ」のもっていた機能は，二つの車輪，操舵機能付きハンドル，サドルとこれらを結ぶフレームで，サドル以外はすべて木製であった。操舵機能は4輪車の機能がすでにあったため可能であったようである。「ドライジーネ」はホビーホースとして大流行したが，自分の脚力が動力源であったため体力を要し，かつ道路事情もよくなかったこともあって乗り心地も決してよくないホビーであったようである。

　しかし，その後の技術改良は急速で，100年弱の間に以下のような改良がつぎつぎと進められていった。

　サドルの上下移動（位置調整），木製から鉄製へ，婦人用自転車（フレームを低くした）（1818年頃），駆動力に脚と腕を使うタイプ（1821年），ペダル付きクランク機構による後輪駆動（1868年），駆動源としての可動式ペダルを前輪に装着（1853年頃），外輪にゴムの巻き付け，鉄フレームの中空化（弾力性の増加），前輪を後輪より大きくする（スピードをあげるため），ハンドルとケーブルで連結した鉄製ブレーキ（以上の4項目は1865年頃），後輪にトランスミッション（1865年），ゴム製の車輪と車輪のワイヤスポーク（1869年），ペダルを車体の中央に取り付け，チェーンとチェーン車による後輪駆動（1869年），大きな前輪と小さな後輪のタイプでスポークを締め付けて取り付けるタイプ〔前輪にペダルを付けたタイプで「エリエール」あるいは「オーディナリー」という（国によって名称は異なった）〕（1870年），前輪の大型化の進展（小さな後輪はバランス保持のため），安全性への考慮から前輪と後輪の大きさの逆転化の方向に向かい，それとともにチェーンによる後輪駆動への回帰（1879年頃），空気入りタイヤ（1888年），フリーホイールの導入（1896年）など。

　こうして現在の自転車に近づいていった。

　〔ドラゴス・アンドリッチ著，村田統司 監修，古市昭代 訳：自転車の歴史，ベースボール・マガジン社（1992）より〕

以上の①〜⑥はそれぞれの分類の特徴について説明したものである。これら以外にも，構想設計，実体設計，適応設計，代替設計などの分類分けもある。いずれにしてもこれらは，設計作業の枠組みの目的と位置付けの観点からの分類であり，それぞれには設計作業の手順としてのプロセスがある。本書の目的は設計手順のプロセスについて説明することにある。

1.3.2 設計のアプローチ

設計のアプローチには**総合**と**解析**の2種類がある。設計では機械の目的を実現するための広い意味でのメカニズム（単に機構学的な機構だけではなく，メカニズム一般のこと）などのアイデアの創出がまず必要となる。図1.6でいえば，出力を実現するためのM（メカニズム，設計案）の考案である。考案するメカニズムは入力内容を伴っている。つまり出力を実現するメカニズムと入力の考案である。このことを設計のアプローチとしては「総合」といい，設計者としての技量（さまざまな知識，経験，設計環境やこれらに基づく発想など）を発揮すべき段階である。

定性的なアイデア出しの段階である「総合」に対して，そのメカニズムと入出力関係を定量的に検討するのが「解析」のアプローチである。すなわち，メカニズムのための定量的入力量からメカニズムを通して得られる出力量が機械の目的の出力性能の仕様を満足するかどうかの検討である。満足すべき出力が得られない場合には，それが得られるまで繰り返し入力量を変更する。あるいは総合の一貫としてメカニズムの修正を実施し，同様な繰返しを行う。

図1.11は柱時計の原理的な図である。入力は2種類あり，時計の針を進める動力源としてのぜんまいばねと，そのほどけ方を調整するアンクルの往復運動の動力源としての振り子である。出力は中間にある歯車の軸に設置される時針と分針である。一日に時針は2回転，分針は24回転するように，入力としての振り子の長さの調整，およびメカニズムとしてのガンギ車と歯車の歯数を修正する。

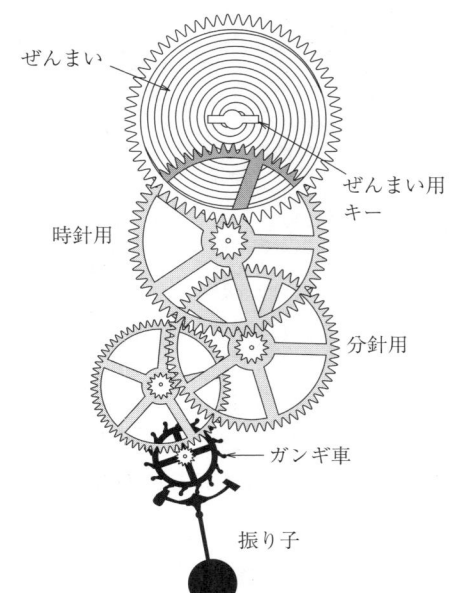

図 1.11 柱時計のアイデア

　大学の機械工学系学科では，材料力学，熱力学，流体力学，機械力学，機構学などの解析の科目について学び，それぞれの分野の力学現象や運動状態などを理解する．その主要な目的は，そういった現象に関連する機械の適切な設計のためであるともいえる．

　一方，設計製図や設計工学などの科目では，解析に関する多くの科目の内容を駆使しながら，機械の目的実現のためのメカニズムの提案とその実体化（形状，寸法，材質，配置などの具体化）という総合化の手法について学ぶ．

1.3.3　多様な要求と設計

　1.3.2項で述べたメカニズムは，その機械の本来的目的の実現のためであるが，実際の製品化のためには，それ以外の要求性能を満足しなければならないことが多い．その代表的な例を**表 1.2**に示す．これらは機械の本来的性能に対して，一般的目的と制約条件といわれている．

　一般的目的は基本的な要件であり，安全性，コスト，操作性，法規制などで

表 1.2　多様な性能（一般的目的と制約条件）

一般的目的	制約条件
① 安全関連： 　強度（静的，疲労など），剛性，衝撃吸収性，信頼性 ② コスト関連： 　価格（調達，製造，販売など） ③ 製造関連： 　製造性，組立性，ユニット性 ④ 使用関連：操作性，可搬性 ⑤ 法規関連：法規・法令遵守性	① 重量，形状，寸法関連： 　軽量性，全体サイズ，可搬性，安定性 ② 保守関連： 　保守性，分解・解体性，ユニット性 ③ 振動関連： 　耐震性，乗り心地性 ④ 環境対応関連： 　リサイクル性，リユース性，廃棄性，LCA性，省エネルギー性 ⑤ 音響環境関連：遮音性，吸音性 ⑥ 衣装関連：デザイン性

ある。それら以外の設計要求は，製品ごとの特性，ユーザの要求や嗜好，製造上の要求，環境対応などに基づくものである。これらは**制約条件**といわれる。表1.2でいえば，軽量性，デザイン性，乗り心地性，静粛性，組立性，分解性，保守性，リサイクル性，低廃棄性，耐寿命性などがある。

多くの製品は法規関連で何らかの規制がなされていることもあるので，その内容について必ず調査する必要がある。また環境対応関連はユーザからも近年，特に注視されている条件となっている。また一般的目的と制約条件の区別は厳密なものではなく，場合によっては入れ替わることもある。

製品に対してこれらの条件をすべて適用するわけではないが，条件の範囲は拡大する傾向にある。また機械の本来的目的も一つではないことも多い。つまり，図1.6の出力でいえば，出力が複数あることになる。いずれにしても，複数の目的出力，複数の制約条件のもとで設計解を導出するのが現代的設計ということになる。

1.3.4　設計の自由度

設計を具体的にどのように進めるかについては，次章以降に説明するが，設計行為は，図1.6の目的を実現する機械の内容を総合と解析により提案し，まとめていくことになる。これらの作業は設計者が行う，いわば紙上での繰返し

作業，紙上演習である。あるいは3次元CAD，表計算ソフト，描画ソフトなどを用いたコンピュータ上での繰返し作業である。

図 1.12 は設計内のプロセスとその後の工程〔製造，市場（マーケット），廃棄・リサイクル・リユース〕プロセスに対して，設計活動の**自由度**，必要な知識量，およびそれぞれのプロセスで設計変更があった場合に要するコストの関係を示したものである。自由度は設計という思考の任意性を示している。コストは，製造などのプロセスでは実際の材料（もの）を扱うので，設計変更が起こると新たな材料の調達，加工・組立のための新たな装置などのコストが必要となる。製品のライフサイクルの上流であればあるほど，また設計プロセス内の上流設計ほど思考や作業の自由度は高く，コストは低くなる。逆に設計者の技量の発揮のしどころとなる。

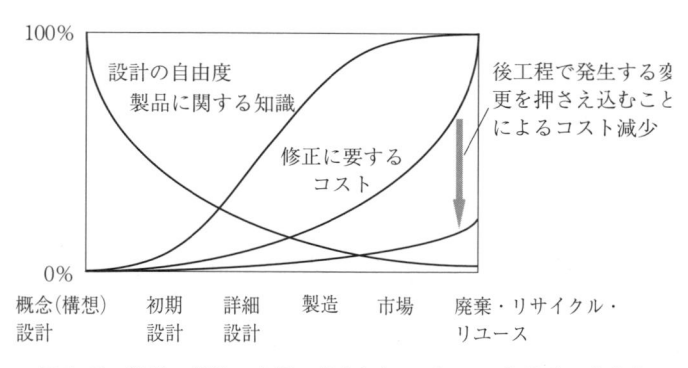

図 1.12 設計，製造，市場，廃棄などのプロセスと設計の自由度

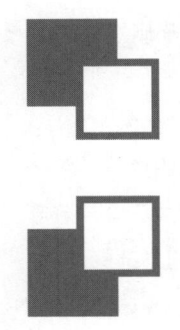

2

設計のプロセス

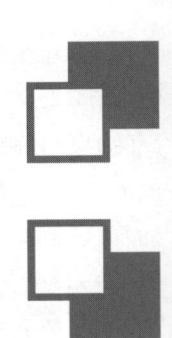

2.1 設計プロセスの全体像

　設計作業の目的の枠組みの観点から設計を分類すると，1.3節で述べたように，開発設計，改良設計，スケールアップ・ダウン設計，修正設計，模倣設計，流用設計などがある。そこでの説明からわかるように，それぞれには設計手順としてのプロセスがある。

　設計の種類のなかで，設計手順としてのすべてのプロセスを本質的に含むのは開発設計である。開発設計のプロセスとその内容は，厳密に分類，定義されているわけではなく，製品そのもの，製品分野，製造企業，市場の状況などによって異なる場合もありうる。またプロセスの名称についても，内容が同様であっても，それぞれによってあるいは関係書籍の著者などによって異なる場合がある。本章では，開発設計を念頭において，一般的と思われる設計手順である① 製品設計企画，② 概念設計（機能設計），③ 初期設計（設計解原理の組合せと評価），④ 詳細設計のプロセスについて述べる。

2.2 製品設計企画

2.2.1 製品企画

　製品設計企画には，製品企画と設計企画がある。そのうちの製品企画は，一般的には企画部門が設計部門に提案する製品の企画であり，具体的には，結果

的に図1.6の出力に対応する社会の需要としての目的機能（出力機能）の企画になる．図1.6の入出力関係は機械の定義の観点から見た内容，すなわち，機械の機構（メカニズム）とそのための入力量，その結果としての出力量であったが，製品企画でいう目的機能は社会の需要を必要な製品出力機能として表現したものである．

製品企画は，つぎの製品としてどのような出力機能の製品を提案，製造するか，市場，技術，国などの政策，社会状況などの動向調査を行うとともに，自社のそれまでの実績，方針などに照らし合わせて検討・企画することである．この段階でまとめられるレポートが企画書である．

〔1〕 **需要の動向調査・検討**　市場の動向としては，消費者や顧客の要求やその傾向（トレンド），国外も含めた他社および自社の製品（競合品も含めて）の状況（製品の種類，製造量，販売実績などの状況），市場規模，採算性などについて調査が必要となる．

技術の動向としては，自社の技術は当然として，国内外の他社の技術，大学などにおける研究状況や各種論文誌，学会の講演会，専門委員会などに代表される学術界の研究，特許情報などについて，広く研究・技術の動向を把握することが必要である．また，これらは直接関係する分野だけでなく，他分野，異分野における動向も参考となる場合もあり，可能な限り，その把握に努めることが重要である．製品開発につながるシーズとしての研究・技術も含まれる．さらに自社の製造の装置やそのラインの種類・性能・能力，使用状況や工作機械などの稼動状況，全体的生産能力についても把握する必要がある．

国などの政策の動向については，安全対策など，具体的な規制の強化や緩和，標準化などの政策，あるいは，例えば環太平洋パートナーシップ協定（trans-pacific partnership, trans-pacific strategic economic partnership agreement, TPP）などの自由貿易協定の締結の検討，食料自給率のアップ，高齢者の在宅介護，環境対策としてのCO_2削減目標など，国としての全体的方針に関する政策などの動向について把握するとともに，それらの政策による今後の社会への影響とその度合いなどについて調査することが必要となる．

例えば，乗用車の安全対策規制の例では，衝突安全性，歩行者保護対策などもある。CO_2削減目標の例では，セクター別目標値が設定されれば，その観点での影響と自社製品の開発の方向性の検討が必要となってくる。また，こうした国としての政策の動向は，他国や世界での動向と関連する場合もあるので，グローバルな視点からの把握も必要となる。

社会状況については，為替レート，資源価格などの経済に関連する動向，日本企業の海外移転の動き，家電製品，情報端末，乗用車，食品など消費者の購買状況につながる人々の意識の傾向性や関心事，物やサービスの売買に関連するインターネット技術の展開状況などについて，その動向を理解しておくことが必要となる。

以上のような状況把握のうえで，自社の製品開発実績，技術の潜在力や実情，生産能力，経済力，マンパワーなどを検討しながら，新製品の企画を立てることが製品企画である。また，製品の市場投入の時期と製造量も製品企画の立場で検討する。

〔2〕 **企画内容の明確化**　動向調査結果から製品企画としては開発すべき製品の目的機能，その実現のための企画内容，およびさまざまな部署などから見た要件や条件を明確にすべきである。

製品の目的機能は，具体的設計プロセスにおいて設計変更などがあってもつねに帰るべき原点としての意義を有しているので，この明確化は重要である。簡単な例でいえば，アミューズメントロボットの開発，という企画があるとすれば，アミューズメント性の追求という目的が原点としての意義になる。そのうえで，低年齢層の子供たちのための玩具ロボットとしての企画内容が提案されることになる。あるいは目的がアミューズメント性をインタフェースとして取り入れた教育ツールとしてのロボット開発であれば，教育ツールとしてのロボットの開発が目的となる。そのうえでの具体的内容の企画になる。

こうした具体的企画内容には，さまざまな関連部署，直接的には関連のない部署，あるいは外部などからの批評，意見，情報によって必要な一般的な要件を明確にする。時には強い制約条件となることもある。例えば，必要な性能や

特性，コスト性，使用環境などがどの程度であればよいか，あるいは避けなければならない特性やその程度などである。

これらの要件や条件は，顧客からの意見，標準規格，素材の制約，特許，営業の意見などの観点からも指摘される。

2.2.2 設　計　企　画

〔1〕 **目的とすべき技術的機能**　　明確化した製品企画の結果（社会の需要としての出力機能）を，具体的な製品設計の立場から設計のための企画を検討するのが**設計企画**である。製品企画の段階では，企画内容の性能，条件や環境は設計者でない立場，例えば，使用者の立場や感覚，言葉で表現されていることもある。それらを工学的，技術的に表現し，真に求められている技術的機能は何か，その本質的要素は何かを抽出することがまず重要である。抽出に際しては，個人的経験などに基づく主観的な判断基準を避け，一般性のある考え方に基づくことが必要である。

製品企画で見いだされ，明確化された社会的需要としての製品の出力機能を設計の立場で企画することは，以下の3項目①〜③について検討・企画することに相当する。

① 　そのような**出力機能**を実現する機械の機能（物理的技術的観点から見た機能）の設定。

② 　上記①で設定した機能を作動するための**入力機能**の設定（その機能は複数の場合もある）。

③ 　上記①で設定した機械機能からの物理的技術的出力機能および①で設定した機能から生ずることが想定される別の出力機能〔**図2.1**のイ〕の出力〕の設定。前者は，製品企画で想定した社会的需要を実現する物理的技術的機能をいう。後者の出力は，排気ガスなどのような期待されない出力もある。

自転車の開発の歴史からこのことを例示してみる。最初の自転車は人力による移動機械として発明された（1817年，ドイツのドライスによる発明）。つま

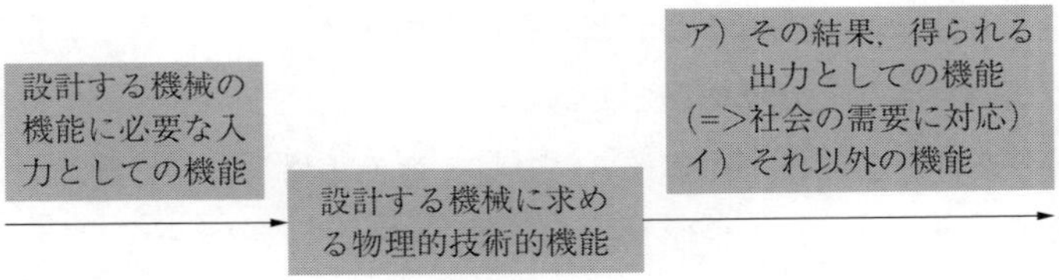

22　　2. 設計のプロセス

```
設計する機械の       設計する機械に求      ア) その結果，得られる
機能に必要な入   →   める物理的技術的   →    出力としての機能
力としての機能       機能                   (=>社会の需要に対応)
                                          イ) それ以外の機能
```

図 2.1　設計企画における入出力機能

り本質的性能は，人が乗って座り，その状態で進展方向操舵をしながら，自らの脚力により前進移動することであった（**図 2.2**）。

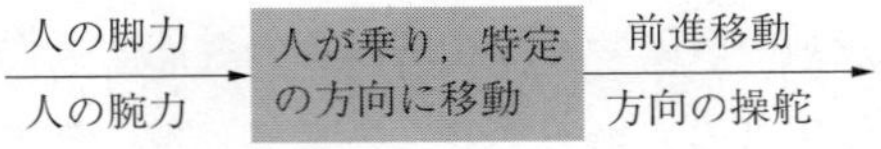

```
人の脚力       人が乗り，特定    前進移動
         →                  →              図 2.2　自転車設計におけ
人の腕力       の方向に移動    方向の操舵              る入出力機能
```

〔2〕**技術的要件，条件の明確化**　技術的要求の内容については設計される新製品の性能，特性，コスト，使用環境などがどの程度であればよいか，あるいは避けなければならない特性やその程度はどのくらいかなど，製品への要件などの設計の条件や環境について，設計の立場から検討し，表現する。

製品企画の際に得られた他部署などからの要件，条件も含めて，上記〔1〕で抽出した本質的技術機能に関連するおもだった一般的な要件と制約条件を技術的に明確にする。そのうえで製品の本質的技術機能および他の考慮すべき要件，条件に関する具体的な定量的目標と要件，および条件に関しては考慮の際の重み付けなどについて全体的設計方針を明確にする。重み付けについては，例えば，コスト重視の設計，あるいは環境対応重視の設計（リサイクルやリユースを考慮する設計）などである。

〔3〕**設 計 組 織**　設計にかかわる組織を明確にする。従来の組織で対応する設計の場合と新たに必要な組織を構成する必要がある場合の判断を行う。場合によっては，あるいは設計の進行とともに，実験部門やグループ企業，サプライヤーの参加も考慮した組織検討，あるいはサプライヤー以外の社外企業や専門家の参加が求められる場合もある。

〔4〕**製 造 時 期**　製品企画の立場で検討した製品の市場への投入時期に

対して，設計の立場から，開発製品に関する企画に応じて，概念設計，初期設計，詳細設計，あるいは製造設計，ライフサイクル設計（製品の生涯にわたるさまざまな機能に関する設計）など必要な設計作業の内容を検討し，**出図**（最終図面あるいは最終 CAD モデルの完成）に至るまでの目標日程を決める。

設計の内容方針を決める最初の段階としては，以上の内容などについて設計企画書としてまとめる。製品開発はこの段階でまとめた内容どおりに必ずしも進むわけではなく，さまざまな設計変更を伴うことが一般的である。こうした設計変更を可能な限り減らすための考え方として，**協調工学**（**コンカレントエンジニアリング**）が提案されているが，その内容については，2.6 節で説明する。

2.2.3 製品企画と設計企画の事例

三洋電機（株）は 2010 年秋，米から食パンなどを家庭でつくる機械「ライスブレッドクッカー」〔商品名：GOPAN（ゴパン）〕を製造販売した。販売後すぐに注文受付中止となるほどの人気商品となった。その開発レポート[1]に基づいて製品企画，設計企画として整理できる内容を紹介する。

製品企画としては，以下の内容を調査・検討項目として位置付けることが可能である。

① 技術の動向として
・国内には，新潟を中心にして，米粉から米パンをつくる企業が多く存在していた。
・米粒は硬いので，米粒をつぶして米粉にするには大型の機械が必要で，家庭向きではなかった。
・自社技術としては，それまでに米粉から米パンを家庭でつくる機械（ホームベーカリ）の開発・製造を行っていた。しかし，米粉からつくる米パンはコッペパンなど丸いパンには向いていたが，食パン向きではなかった。

② 国の政策として

- 食糧自給率（50%を切っていた）の向上，余剰米の削減などが政策として掲げられていて，米の消費拡大が推進されていた。
③ 社会状況として
- 小麦アレルギーの人がいて，しかも米粉パンにも，アレルギー源のグルテンを含んだミックス粉が使用されていた。
- グルテンを含まないミックス粉も存在していたが，一般のスーパーマーケットなどでは購入が困難であった。
- 小麦パンはカロリーが高く，カロリーコントロールの必要な人のために，低カロリーの米パンの需要があった。

以上の調査・検討から，製品企画としては，主目的として，「**家庭にある一般の米粒から家庭で食パンをつくること**」を設定することになる。

一般的要件あるいは条件としては，つぎの6項目を想定した。
① スペースを要する大型の機械でないこと。
② 操作が容易であること（全自動であることにも対応する）。
③ 米粒からつくるので，米粒の細粒化が必須であること。
④ グルテンを含まない食パンであること。
⑤ 小売価格は小麦パンより安いこと。
⑥ 月産1万台を目標にする。

以上の製品企画を受けて，設計企画としては，つぎの4項目を企画した。
① 担当部署以外の組織からの協力
  - 大阪のパン職人さんと製造技術に関してタイアップして検討
  - グループ企業内の炊飯器開発部署による米粒の細粒化（粉砕）のための技術協力
  - そのためのモータのトルクやカッタについて，ミキサ製品開発担当の別部署の協力
② 機械のコンパクト化のために，粉砕のためのカッタの回転運動とパン生地をこねる回転運動のそれぞれの回転軸を一つにすること，
③ 米粒を水に浸して柔らかくしてから切削により細粒化し，ペースト状に

するアイデアを用いること，
④ 入手しにくいグルテンのかわりに，強力粉やアレルギーの人のためには上新粉で代用できるようにすること．

2.3 概念設計（機能設計）

2.2節で企画した出力性能を実現するためには，それを具体化する物理原理，メカニズム，機構などの提案を行う必要がある．そのために提示された機能の意味する内容について，機能的**細分化**や整理を行う．その後に細分化，整理された各機能の実現に対応する物理原理やメカニズムなど，およびそのための入力に関する提案を行う．これらの機能の細分化，整理（これを**機能展開**という）とそれに対応する物理原理などの提案（**解探索**という）の段階が**概念設計段階**である．その後に続く，設計解の選択と解析，最適な解の提案は**初期設計段階**での作業になる．機能展開，設計解探索，解の選択までの流れは，ポールとバイツの提唱する体系的アプローチと呼ばれている手法である[2]．

2.1節「設計プロセスの全体像」でも述べたが，設計の種類のなかで，設計手順としてのすべてのプロセスを本質的に含むのは**開発設計**である．その一つのプロセスである概念設計の手法は，本来設計解のわからない課題に対して，設計解を求める手法であるが，本書の説明においては，これから設計工学を学ぶ学生の理解を容易にするために，設計解のわかっている事例も用いて，その手法のプロセスを説明する．

2.3.1 機 能 展 開

2.2.2項「設計企画」において抽出された，目的とすべき本質的な機能を工学的，機構的な感覚・判断で細分化することや，必要な関連する機能とのつながりを構築することを機能展開という．

機能を細分化する理由は，より単純な機能とするためである．これは，科学自体が**単純化**，細分化したモデル，現象に対する分析，解析に基づいて発展し

てきていて，その結果としての技術，あるいは製品も単純化された機能の組合せであることが多いからである。したがって，新技術，新製品の開発においても新たな細分化機能の技術化によるところも多い。このことは，製品自体も新規あるいは既成の技術に対応する部品やモジュールなどの組合せにより開発されていることからもわかる。また大量生産としても，あるいは部品などの標準化としても都合がよい。

求められる本質的機能を細分化した状態を図にしたのが**図2.3**である。

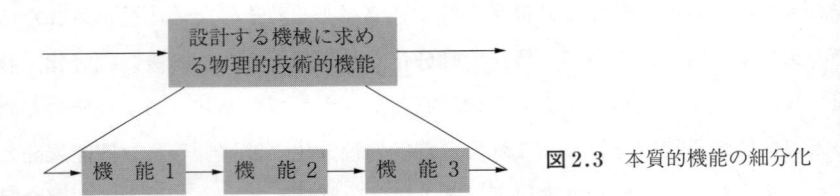

図2.3 本質的機能の細分化

機能展開の例として，掃除機と疲労試験機の二つの例をあげる。最初の例は家庭用掃除機である。家庭用掃除機の場合，身近な製品であり，機能内容もわかりやすい。目的とすべき本質的技術機能（2.2.2項〔1〕に示した①〜③）は，**図2.4**に示すように

① 空気の吸込みによるごみの取込み
② 空気の吸込みとそのためのエネルギー
③ 取り込まれたごみと空気の排出

である。実際，掃除機の開発の歴史を見てみると，1907年にアメリカのスパングラー氏が電気掃除機を開発している。この掃除機は扇風機と箱と枕カバーで構成されていた。ただし，大きなごみを集めるための回転ブラシも付いていた（つまり，項目①が空気の流入と回転ブラシによるごみの取込み）。掃除機

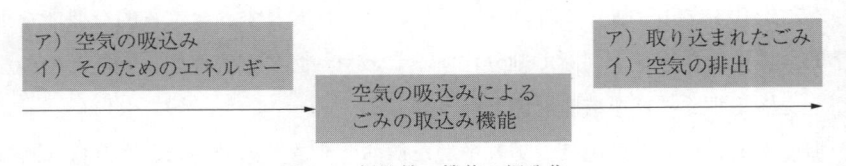

図2.4 掃除機の機能の細分化

の本質的機能そのものを体現した装置であり，まさに現在の掃除機の原型であった．

つぎの例は疲労試験機である．疲労現象は，構造部材に対して低い荷重であっても繰返しの荷重が負荷される場合，部材が破壊する現象をいう．疲労破壊の限界の荷重の一つに疲労限がある．図2.5に示すように，繰返しの負荷荷重が低下すると疲労破壊するまでの繰返し数が増大するが，ある荷重レベル以下では繰返し数が増大しても破壊が生じないことがある．この荷重レベルを疲労限といい，疲労設計を行う場合に参考にしている荷重レベルである．疲労限の値を知るためには，疲労試験を実施する必要があり，その試験機が疲労試験機である．

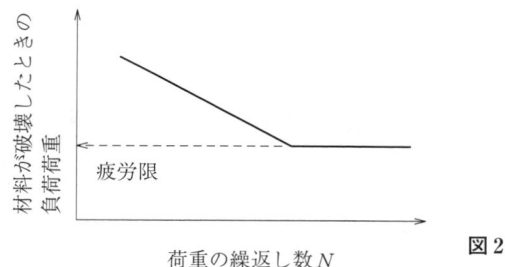

図2.5 疲労現象と疲労限

疲労試験機の目的とすべき本質的技術機能を，そのための入出力とともに考えると①〜③のようになる（図2.6）．

① 材料試験片への繰返し荷重の負荷
② 繰返し荷重負荷のためのエネルギーとその負荷を受ける試験片
③ 疲労限および損傷を受けた試験片

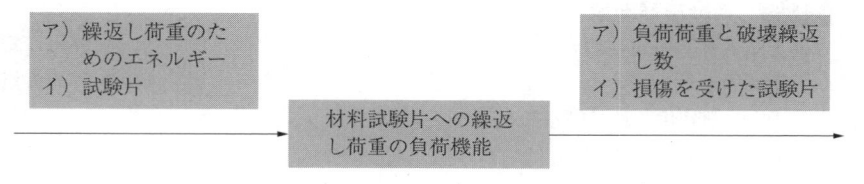

図2.6 疲労試験機の機能の入出力関係

疲労限の値を知るためには，疲労破壊を起こさせた繰返し荷重値と疲労破壊を起こしたときの荷重の繰返し数の実験的関係が必要となる（図2.5）。

細分化された機能は，場合によってはさらに細分化され，**図2.7**のように階層化構造となる。このことを機能展開という。最下部の機能は，後の設計プロセスで部品，モジュール，ユニットなどの実際の機構に対応していく。

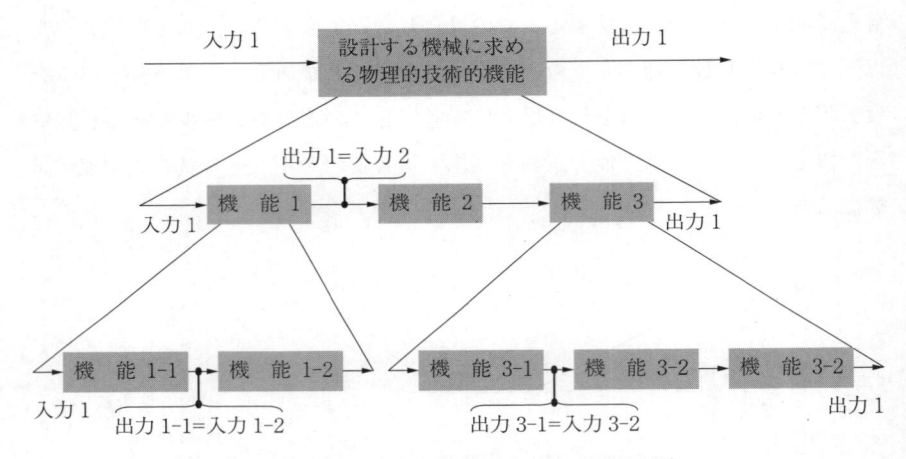

図2.7 機能の入出力関係の階層化（機能展開）

2.2.2項〔1〕で述べたように，それぞれの機能には**入力機能**と**出力機能**がセットとして考えられているので，階層化された機能構造はそれぞれの機能の入出力関係でつながるネットワークになる（図2.7では入出力は一部だけ示している）。一つの機能の出力はそれにつながる機能の入力となる。また，図2.3では各機能に対して入力と出力が一つずつとなっているが，図2.2の例のように複数あってもよい。機能の細分化を前述の二つの例で説明する。

> **例** 家庭用掃除機と疲労試験機

図2.4で本質的機能の例として示した家庭で用いる掃除機について，細分化に基づく機能展開を行ってみると，例えば，**図2.8**のようになる。図2.4で本質的機能とした部分が細分化されていることがわかる。

疲労試験機の例（図2.6）では，細分化による第1段階程度の階層化機能展開を行うと**図2.9**のようになる。

疲労試験機の開発において，基本的な機能展開は図2.9のままであるが，もう一

2.3 概念設計（機能設計）　29

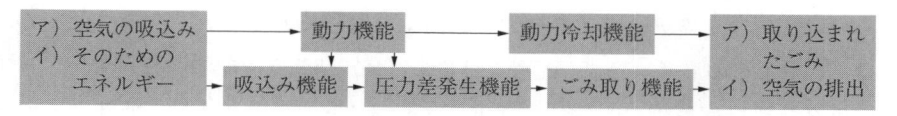

図2.8 家庭用掃除機の階層化（機能展開）

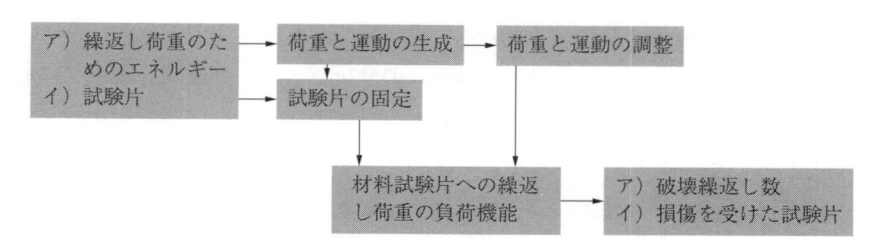

図2.9 疲労試験機の階層化（機能展開）

歩踏み込んで，動力源として，電気で制御された油圧を用いることをイメージした細分化の機能展開を考えるとすれば，すなわち油圧サーボ系の疲労試験機をイメージすれば，その機能の展開は**図2.10**のようになりうる。

ここでは，試験片の装着固定にも油圧動力を使用する機能展開としている。また，荷重の負荷波形や速度などの制御，試験片に負荷された荷重やそのときの変位の計測とそれらの増幅，および荷重を支えるフレームも機能として加わっている。

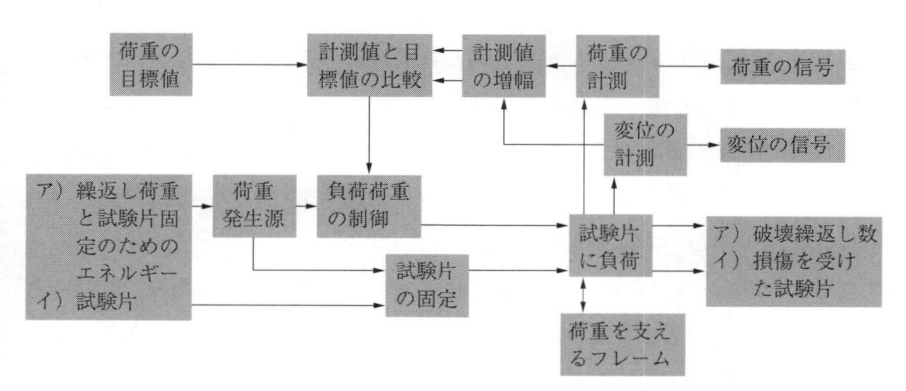

図2.10 疲労試験機の階層化（機能展開：油圧サーボ疲労試験機）

2.3.2 設計解原理の探索

細分化，単純化されたそれぞれの機能を実現する物理原理やメカニズム，あ

るいは機構などのアイデアを探索・創出する段階である。アイデアによっては，おおよその形態（形状，配置と材質の特長）情報を有する場合もあり，その場合は**設計解原理**の本質的情報として付随させる。1.3.2項「設計のアプローチ」との関連でいえば，総合を実施する段階，すなわちアイデア創出の段階である。ポールとバイツの文献2）によれば，探索のための手法として，文献の利用，既存技術の分析，**自然システムの分析**，グループ討議，物理プロセスの体系的検討などをあげている。本書では，このうち文献，既存技術システムの分析，自然システムの分析による探索について説明する。

〔1〕 **文献に基づく探索**　文献にはさまざまな種類がある。そのおもだったものを示したのが**表2.1**である。

表2.1　文献の種類

一　般	学術関係	企業関係
教科書	学会論文集	技術報告
参考書	学会誌	特許資料
専門書	学会講演会予稿集	業界誌
技術資料集	国際会議論文集	設計カタログ
データベース	シンポジウム論文集	
インターネット情報	講習会資料	

　表2.1に示した資料のなかに，従来から最新に至るさまざまな情報が海外も含めて収集されている。これらの情報には，理論，技術，現象として確立したもの（確立しているとは，再現性があるもの，という意味），未確立な発見的現象，シーズの段階であって今後の発展の可能性のあるもの，既成の製品など実体化への展開がすでに見えるもの，あるいは今後の展開可能性を見渡せるものなどがある。その利用は，機能を実現するアイデアの発掘の手段として非常に有効である。例えば，教科書，参考書，専門書には，体系化したあるいは確定した原理・理論・技術などが紹介されている。そのうちの物理現象に関する例とその応用製品例について紹介する。

① 　アルキメデスの原理―浮力：トイレのタンク（**図2.11**）
② 　遠心力：軽油と水の分離，ファミリーバイクの無段変速機
③ 　逆カルノーサイクル：ヒートポンプ

2.3 概念設計（機能設計）

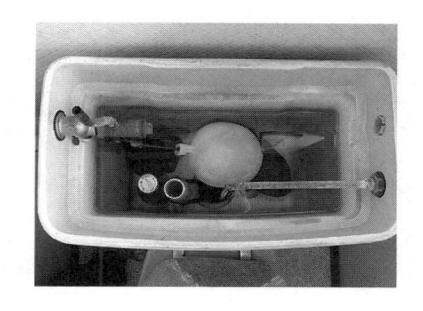

図 2.11 浮力の利用（水洗トイレ用タンク）

　以上のように，事例は枚挙にいとまない。図 2.11 は水洗トイレのタンク内の写真であるが，中央部の球形状のプラスチックは中空の浮き袋になっていて，浮力によりタンク内の水の量の機械的制御を行っている。

〔2〕 **既存技術システムの分析による探索**　　既成の製品を含む**技術システム**には，さまざまな物理的原理・理論，技術や手法，それらの発展的原理や技術あるいはそれらに基づく具体的製品，部品などがすでに豊富に含まれている。こうした既成の技術システムについて分析することは，そうした情報を未獲得であった設計者にとっては，新たな知見，ヒントを得ることにつながり，設計解の探索の有用な手段になりうる。しかし，既存技術の真似，コピーにもなりうる可能性があり，真に新しい設計解の探索に至らない場合があることに注意が必要である。

〔3〕 **自然システムの分析**　　自然界においては，動植物は自らの生命を永らえるために，あるいは種の保存のために，環境に適切に適応する術を獲得してきている。それらの適応の術は，幾世代にも及ぶ長い年月をかけて獲得されているが，獲得された結果である生命としての特性とそのメカニズムは，現在の諸科学から見ても合理的であることが多い。

　したがって，獲得された結果は新たな設計解の探索の手法として参考になりうる。設計解の探索として実際に自然界の特性とメカニズムを参考にし，製品の開発を行った例もすでにいくつか存在する。その例を三つ紹介する。

例1 **ハニカム構造**

　ハニカム（honeycomb）とは，「蜂の巣」（**図 2.12**）[3]という意味であり，蜂の巣の

図 2.12 蜂の巣（ハニカム構造）[3]

構造が六角形の集合体になっていることから，正六角形または正六角柱をすきまなく並べた構造をハニカム構造という．これは，同一面積の同一の基本構造（三角形，四角形，六角形など）で，平面を埋める場合に一つ一つの基本構造の周長が最も短いものは六角形であることを意味している．平面を埋めることを無視すれば，周長の最短な構造は円であるが，円では平面に敷き詰められない．強度的には三角形が最も強いと考えられるが，周長は最短ではない．同一面積で周長が短いということは，少ない素材で基本構造を構成できる，逆に基本構造の内部すなわち孔の部分が広くなり，そこの部分の有効な利用が可能となる．したがって，六角形は強度も相当にあって，少ない素材で孔を有効に利用できる構造であるといえる．自然界にはハニカム構造の例はほかにもいくつかある．例えば，地球のマグマが時間をかけて一様に冷却される過程で六角形にき裂が入る例（玄武岩の柱状節理），昆虫の複眼構造などである．

ハニカム構造はすでに工業的にさまざま利用されている．表面板でハニカム構造の心材（コア材）を挟んで一体構造にしたハニカムサンドイッチ構造があり，航空機の床板，外板，フラップなどに使用されている．

例2　新幹線の騒音対策

高速で運行する新幹線の大きな騒音源の一つは，パンタグラフと空気との衝突による大きな渦の発生であった．新幹線は住宅の近くを通過するところもあり，騒音問題は大きな課題である．一方，フクロウは夜行性で，夜間，森のなかで野ネズミなどの獲物をとらえる際，非常に静かに獲物に近づくことができる．ほとんど羽ばたき音を立てない．このことが可能となっているのは，羽根の初列風切り羽の外縁部に，非常に細かいのこぎり状の羽毛が突き出ていて，これにより滑空の際，小さな空気の渦流れをいくつもつくり，空気抵抗を下げ，消音効果を高めている．そこで新幹線のパンタグラフにもこの構造を導入し，騒音の低下効果をあげている．

2.3 概念設計（機能設計）

例3 日本の伝統的家屋の壁

　日本の古民家などの伝統的家屋の壁は，竹を粗く組み，それを縄で編んで下地をつくり，それに短く切った藁を入れて練った土壁を塗り込んでつくっていた。漆喰で表面を仕上げ場合もある。こうした家屋は，夏は涼しく，冬は暖かく，音の遮断性に優れ，また耐火性にも優れていた。アメリカ大陸の先住民が使用していたアドベ煉瓦（日干し煉瓦の一種）でも，藁などを入れた粘土を乾燥させて製作していた。こうした壁や煉瓦は，構造的には竹や藁を強化材とした複合材料であり，現在さまざまに使用されている繊維強化材の原点的材料といえる。例えば，現在の繊維強化プラスチック（FRP）では強化材としてガラス繊維や炭素繊維などがあり，テニスラケット，ゴルフシャフト，船，航空機などさまざまな分野の製品素材として使用されている。

　以上のような，いくつかの探索手法を用いて設計解原理の探索を行うが，設計解原理によっては，形態（形状と配置および材質の特長）情報を付随している場合がある。

コーヒーブレイク ④

自 然 界 の 力

　本文の設計プロセスの初期設計でも触れたが，設計解の探索は重要である。その一つとして「自然システムの分析」を説明し，例も紹介した。ここではさらに他の例などについて触れる。

　水をはじく表面をもっている生物は私たちの周りにも何種類もいる。植物ではハス（蓮）の葉，笹の葉，動物ではコガネムシやカブトムシなどである。ハスは昔から「愛蓮之出淤泥而不染（蓮は泥より出でて泥に染まらず）」〔愛蓮説（周敦頤）〕いわれているように，水滴をはじく性質（疎水性）をもっている。メカニズムは，表面が微細な疎水性のある凹凸と細かい突起によって覆われていて，表面に空気を保持させていて水との接触を防いでいるからであるといわれている。

　ヤママユガという日本原産の蛾は休眠行動をとる。それはヤママリンという体内物質の作用で，これをラットの培養した肝臓ガン細胞に投与したところ，ガン細胞が活動を停止した，という報告がある。

　昆虫，魚や鳥のなかには群れをつくって行動する例も多い。理由は，他に対する威圧，敵に襲われたときに四散することで敵の狙いの的を絞らせないなど，さまざまである。1匹の昆虫や魚が食料を発見する（目標を定める）と，群れの残りが素早く追尾していける行動様式を原理化した最適化手法として，粒子群

最適化（particle swan optimization，PSO）がある。これは昆虫や魚の群れがたがいに通信をしながら最初の1匹の行動を真似る（適用する）ことで，全体の統一をとる手法である。

同様な最適化手法に遺伝的アルゴリズムがある。これは生命の進化の過程では淘汰，再生，組み換え，突然変異などが起こることに注目し，これらを導入した進化的アルゴリズムである。

地球最強の生物は，体長1mm以下のクマムシという緩歩道物といわれている。足は8本だが歩く姿が熊に似ているところからこの名前が付いている。

150℃から絶対零度の温度，乾燥状態，真空から超高圧（75 000気圧），強い紫外線など苛酷な環境でも死なないどころか，環境が改善すると再び蘇生する，という超能力虫である。**図**はツメボソヤマクマムシというクマムシの一種である[4]。

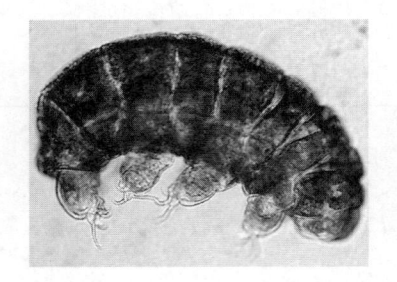

図　ツメボソヤマクマムシ

以上のように，多種多様な自然界の力がつぎつぎと発見されている。自然界の生物は長遠な時間をかけて自然に適応した力，メカニズムを獲得してきていて，その結果は，私たちの設計解発想のヒントとなるものも多いと思われる。

2.4　初期設計（設計解原理の組合せと評価）

2.3節までの概念設計では，求められる本質的機能の細分化のための機能展開を行い，それぞれの細分化機能に対応する物理原理などの設計解原理を探索している。**初期設計**では，設計解原理を組み合わせ，機械・装置としての全体的姿を示す。しかし，細分化された個別機能に対応する設計解原理は一つではない。つまり機能は同じであっても，それを実現するアイデアとしての設計解

原理は複数ありうる。

例として，空気を圧縮する機能について調べてみる[5]。本質的基本機能は空気の圧縮である。これを実現しうるアイデアとして（**図 2.13**），図（a）は，いわゆるピストンとチューブ（筒）によるレシプロタイプの機構原理，図（b）は，多数のピストンとチューブの組合せで圧縮を行う斜板カムタイプのもの，図（c）は，二つのスクリュー型の回転体の溝を利用し，そのときの体積を変化させるもの（ツインスクリュータイプ），図（d）は，二つの渦巻きを利用したもの，図（e）は，ピストンが回転するもの（ロータリピストンタイプ）などがある。それぞれに性能，形態とその寸法などに特徴がある。

これらは具体的機構になっているが，それらの原理的アイデアに注目することでもよい。

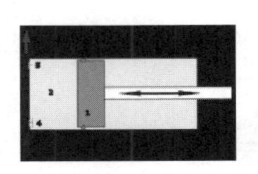

（a）レシプロタイプ　　（b）斜板カムタイプ　　（c）スクリュータイプ

（d）渦巻きタイプ　　（e）ロータリタイプ

図 2.13　圧　縮　機[5]

2.4.1　設計解原理の組合せ

以上の例のように，細分化した機能を実現する**設計解原理**などのアイデアは複数存在しうるので，機能ごとの設計解原理などを組み合わせて全体としての設計解を構成する場合に，複数の全体設計解の候補案が成立する。

一方，個々の機能ごとの設計解原理などにはそれぞれ入力と出力の変数（物理量，材料，信号，情報，性能など）が存在する。したがって，**全体設計解**を構成する際には，隣接する設計解原理などの間で，これらの変数間の定性的（種類としての）一致が求められる。また，設計解原理などによっては，**形態情報**を有する場合がある。前述の一致性と形態情報間のさまざまな意味での干渉回避を前提にして，個々の機能ごとの設計解原理などの組合せを複数求めることができる。**表 2.2** には 2 種類の組合せの様子を示す。設計解原理を組み合わせて機構などのつながりとして製品を表現することになる。

表 2.2 設計解原理の組合せ

細分化機能	設計解原理			
機 能 1	設計解 1-1	設計解 1-2	設計解 1-3	
機 能 2	設計解 2-1	設計解 2-2	設計解 2-3	設計解 2-4
機 能 3	設計解 3-1	設計解 3-2		
機 能 4	設計解 4-1	設計解 4-2		
機 能 5	設計解 5-1	設計解 5-2	設計解 5-3	

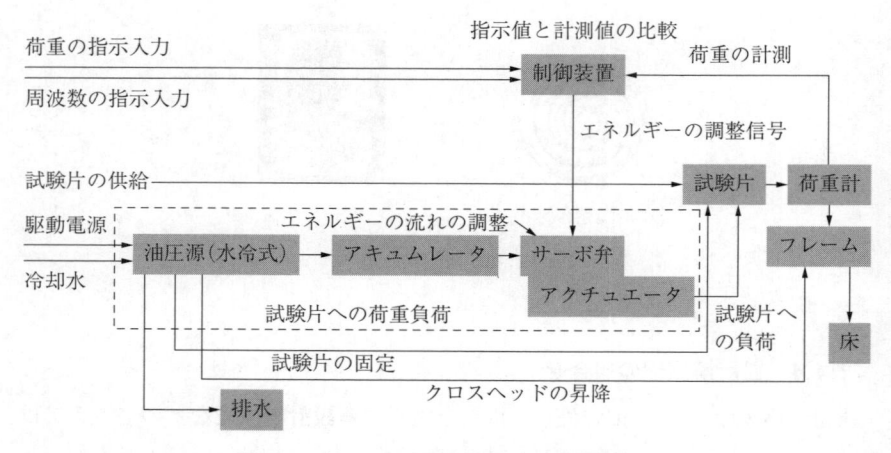

図 2.14 油圧サーボ疲労試験機の機構展開図

図2.10に，油圧サーボ疲労試験機を想定した機能展開図を示したが，これの**機構展開**の例を示すと**図2.14**となる．図中の油圧源は1.2節で触れた油圧ユニットに相当する．なお，**図2.15**には実際の油圧サーボ疲労試験機の写真を示す．

図2.15 油圧サーボ疲労試験機
（MTS社製モデル810）

2.4.2　組合せ結果の評価

2.2.2項〔2〕「技術的要件，条件の明確化」で述べたように，ユーザのニーズとしての出力性能が，定量的にどの程度であればよいかという目標の値やそのレベルに対して，設計解原理やメカニズム，機構を組み合わせた機械，装置としての全体的つながりがどの程度の出力性能を出すか，定量的に評価・検討することが初期設計の後半の段階である．1.3.2項「設計のアプローチ」との関連でいえば，**総合**と**解析**の繰返しにおける解析を実施する段階である．解析自体は2.5節の詳細設計段階としての解析もあるが，本節での解析は，求められる機械・装置の出力を実現する基本的アイデアの創出，確定の段階としての解析である．

細分化，単純化された基本的機能に対応する設計解原理，メカニズム，機構

などは，過去に同じ原理などを用いたさまざまな製品や検討結果がある場合には，基本的に入力変数（設計変数）と性能の関係は既知であり，どのような定量的な条件や要件の場合にどの程度の定量的出力を生じるか評価できる。あるいは，関連する実験，解析，シミュレーションを行うことにより評価が可能である。また，まったく新たな原理などの場合は，概念設計の段階か，それ以前の研究，開発の段階での理論的解析，基礎的実験あるいはそれらを技術化して行った実験やシミュレーションなどの結果から，入力の定量的程度に応じた出力の評価が可能である。

細分化された一つ一つの基本的機能に対応する設計解原理，メカニズム，機構などに関して入出力を介した組合せを行った場合，隣接する設計解原理などの入力と出力の間（一方の出力は他方の入力）に明らかな定量レベル的ミスマッチがあれば，組合せの選択は機械・装置としての全体の定量的実現性が保障されないので，不適切となる。このようなミスマッチがなく，かつ組み合わせた全体的なつながりの最終出力レベルが，ユーザのニーズとしての出力性能と比較して定量レベルとして妥当であれば，**図2.16**に示すようにその組合せは，初期設計としては妥当な設計解として提案できる。定量レベル的に妥当であれば，後段の詳細設計段階での検討により，より妥当な詳細目標を達成できる可能性があるからである。

一方で，2.2.2項〔2〕「技術的要件，条件の明確化」で述べたように，設計企画の段階では，設計される新製品の性能，特性，コスト，使用環境などが

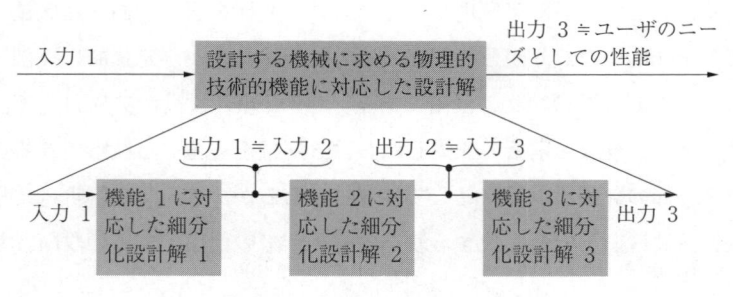

図2.16 初期設計段階としての出力レベル

どの程度であればよいか，あるいは避けなければならない特性やその程度はどのくらいかなど，製品への要求などの設計の条件や環境について，設計の立場から検討し，表現している。したがって，前述のように，性能的観点から提案された**全体的設計解**について，性能以外の特性，コスト，使用環境などについても，定性的，定量的（概略的定量）に検討することが必要となる。これらの特性などに関して，その評価結果および製品企画あるいは設計企画における重み付けの観点も考慮して，全体的設計解の妥当性の評価を行う。

以上の評価を複数の全体的設計解のそれぞれについて実施し，より妥当な設計解を探索することになる。

2.5 詳　細　設　計

ここまでで，**設計解原理**（物理原理，メカニズム，機構モデルなど）の探索とそれらの組合せを終える。そこで扱われてきた物理原理などは本質的には構造ではなく，原理やメカニズムを示すモデルである。**詳細設計**の段階ではそのモデルを構造化し，実際の製品としての設計を行う。**構造化設計**とは，製品としての必要な機能性能，さまざまな要件などを定量的に実現するために，形状，寸法，材質，配置，接合などを決定していくことをいう。概念設計段階で求めた設計解原理によっては，形態（形状，配置および材質の特長）情報を付随している場合がある。こうした情報を参考・基本にしながら定量的構造化設計を行うことになる。これにはつぎの二つのステップがある。

① 設計対象の詳細設計の事前的検討
② 設計対象の性能実現と構造化

二つ目のステップでは，場合によっては同時並行的に，以下の内容が詳細設計の範囲内で検討される。

　ア）　製品の多目的性の実現が要請されることも多いので，**多目的設計**について
　イ）　多目的設計にも関連し，設計目的によっては，**CADモデル**をベースに

した解析と評価についても詳細設計段階で多用されるが，これと設計との関連性について

　ウ）　多目的性も含めた性能実現のための**構造化**を実現するために，各種の**制約条件**と設計との関連について

　上記ウ）の制約条件には，加工，組立・分解，重量，操作性，安全性，耐久性，環境対応などがあるが，設計対象，あるいは設計企画によっては①の事前的検討で検討されることもある。

　ア），イ）の項目についてはそれぞれ 2.5.3 項，2.5.4 項で説明する。ウ）の制約条件については，その一般的な項目の例として加工について，および最近の関心事の例として，環境対応について設計との関連上学ぶべき基礎的内容に関してそれぞれ 2.5.5 項と 2.5.6 項で説明する。さらに実際の設計上，項目ごとの必要な知識として以下の内容については章を改めて説明する。すなわち，前述のように詳細設計で材料についても設計検討の対象とするが，その具体的説明は第 6 章で，CAD モデルと解析・評価の具体的内容については第 5 章で，機械要素や標準部品の選択については第 4 章で，実際の加工法など，加工自体の一般的内容については第 7 章で，それぞれ説明する。

2.5.1　詳細設計における事前的検討

　以下の項目などについて，詳細設計として，まず事前に検討しておくことが必要になる場合がある。すなわち，目的の機械や装置の本来的性能を実現するために検討すべき事項がある。これらの検討項目は詳細設計の後段において再検討される場合もあるが，項目やその内容の程度によっては事前検討として押さえておく必要がある。また，これらの検討項目内容の実際の設計への反映は，詳細設計の後段である 2.5.2 項「設計対象の性能実現と構造化」のプロセスで検討されていく。

　〔1〕**補助要因の検討**　　製品そのものの構造化の前段階として，必要な補助的機能があれば，その実現機構について検討する。例えば，図 2.14 に示した油圧サーボ疲労試験機を想定した機構展開図には，その動力源として油圧源

2.5 詳細設計

が想定されている。油圧源を油圧ユニット（JIS B 0142）という製品として検討する場合，油圧源からのエネルギーは，疲労試験機としての運動に使用されるが，それ以外にそのエネルギーの一部は油の温度上昇をもたらす。油温が高くなると，油の劣化や他の部品への悪い影響などをもたらすので，油温の計測機構とそれに基づく油の冷却機構が必要となる。これらは，油圧ユニットを本来製品とした場合の**補助要因**としての機構となりうる。

〔2〕 **周辺要因の検討** 周辺要因としては，熱影響，振動影響，騒音影響，電磁雑音影響などがある。前述の油圧サーボ疲労試験機の例でいえば，試験機の油圧ユニットからは機械振動が発生するので，この振動の周辺への影響を考慮した設置設計計画が求められる。また油圧ユニット製品は条件によっては，大きな騒音を発生するので，遮音を考慮したユニット自体の設計，あるいは設置の形態と場所（例えば，油圧ユニットだけを遮音効果のある部屋に格納する）ことが求められる。ノートパソコンでは，内部のCPU（central processing unit，中央演算処理装置）から発する熱の影響はレイアウト設計や冷却設計の際に常に考慮される**周辺要因**であり，そのための設計が重要となっている。

〔3〕 **形状・寸法への影響の検討** 例えば，流体を扱う機構を設計する場合には，性能を満足する流量は，製品の構造化のための形状・寸法に関係してくる。具体的には，部品やユニットとしては電磁弁，アクチュエータなどの寸法に関係する。あるいは扱う電気量の大小は必要とするコネクタの寸法に影響し，ひいてはコネクタを設置する部材の形状・寸法にも影響する。

また，人間の操作を伴う機械，装置の場合は，例えば，人間工学的に操作性のよい形状・寸法，配置などの設計が求められる。

こうした影響の種類と程度を理解しておくことが求められる。

〔4〕 **材料要因の検討** 設計解を構造化する場合，選定する材料に対する特性の影響要因がありうる。例えば，設計機械の要因として軽量化の課題があれば，機能に対する設計解が，出力レベルの大きさも含めて想定する構造の範囲内で，軽量性を実現しやすい材料の検討をしておくことが必要である。また

設計解として，繰返しの運動を伴う機構が採用されている場合には，その運動を担う部材の材料としては，疲労強度にも注目した検討が必要になる。腐食性環境での動作が本質的な機構の場合は，耐食性の観点からも材料の選定と寿命についての検討が必要となる。

〔5〕 **レイアウトやスペースの割付や制約に関する検討**　製品としての全体的寸法，設計解からユニットや部品の構造が想定される場合は，それらの**レイアウト**とその場合のユニットや部品間のスペース，運動する軸などの部材の端部（例えば，アクチュエータの軸端）の移動位置，ロボットアームやクレーンなどの稼動範囲，据付けのための要件（据付けの基礎工事や据付けそのものの作業スペースへの対応要件），機械や装置の操作のための適切な空間，**メンテナンス**のための空間などに関する検討が必要になる場合がある。

〔6〕 **法規制に関する検討**　機械などを設計製造するにあたっての法的規制は，基本的にはそれらの作業に従事する労働者の安全を守る観点から，二つの枠組みとして構成されている。一つは**労働安全衛生法**とそれを具体化した労働安全衛生法施行令であり，これには全体的一般的内容が規定されている。もう一つはその法や政令を実施するための実際の規則として，安全管理体制，機械や有害物に関する規制などに関する安全規則が決められている。例えば，安全規則の第1編の通則には，機械などに関する規制として防護に関して，「動力伝導部分または調速部分については，覆いまたは囲いを設けること」があがっている。第2編の安全基準には，工作機械，荷役機械，建設機械などの個別の機械について安全規則が決められている（**表2.3**）。

また，上記の法や施行例の規定に基づいて，省令として，クレーン，ボイ

表2.3　労働者安全衛生規則における安全基準の種類

機械による危険の防止	工作機械，木材加工用機械，プレス機械，シヤ，遠心機械，粉砕機，ロール機，回転体，産業用ロボット
荷役運搬機械	フォークリフト，ショベルローダ，ストラドルキャリア，不整地運搬車，構内運搬車，貨物自動車，コンベア
建設機械	車両系建設機械，くい打ち機吊上げ機械
軌道装置，手押し車両	軌道，車両，巻上げ装置，軌道装置，手押し車両

ラ，圧力容器，自動車などの具体的機器に関する安全規則もある．自動車の場合は道路運送車両の保安基準（そのなかの自動車の保安基準）がある．さらに特定性能については，例えば，衝突安全性能について自動車アセスメント（Japan New Car Assessment Program，JNCAP）などがある．後半の自動車の例は，おもに使用者（ドライバ，一部歩行者も含まれる）の安全を守るために規定されているものである．

〔7〕 **性能の割付けに関する検討**　一つの性能を複数の部材やユニットで担う場合は，**性能の割付け**をする必要がある．部材への定量的割付けや部材の個数的割付けなどがある．例えば，自動車の衝突安全性能に関して側面衝突の安全性の場合では，車体は変形しても乗員の安全を確保する必要がある．そのために，車体の関係するおもな部材であるBピラー，ルーフの補強材，足元のロッカ材のそれぞれで，どの程度の衝突荷重の負担（あるいは衝突エネルギー吸収）を行うかの検討が必要となる．後述の詳細設計後段の構造化の過程でも性能の割付けの詰めの検討は行われるが，事前的検討の段階でも基本的概略的方針を検討しておく必要がある場合もある．

2.5.2 設計対象の性能実現と構造化

設計解が表す物理原理，メカニズム，機構などはあくまでモデルである．例えば，**図2.17**に示す機構は，どちらも回転運動を往復運動に変換する（その逆の変換も可能）機能を，図（a）は棒要素（クランクA）により，図（b）

　　（a）ピストンクランク機構　　　（b）ピストンクランク機構
　　　　　（リンク）　　　　　　　　　　　（円盤）

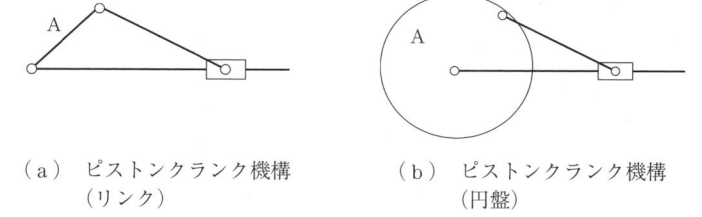

図2.17　回転運動を往復運動に変換する機能に対する設計解
　　　　（ピストンクランク機構のモデル）

は円盤要素Aにより実現する機構であり，機構学ではどちらも同じモデル（ピストンクランク機構）として扱われる。しかし実際には物理的特性が大きく異なり，利用の観点からこの特性の違いが重要となる。すなわち，図（b）の円盤による回転運動は慣性モーメントを大きく作用させることが可能であり，いったん回転運動を始めるといつまでも回転運動を維持しようとする。この特性が機構としての出力性能として利用する設計解となりうる。

　この慣性モーメントを所要の量だけ得るためには，円盤の半径，厚さ，材質を適切に設計する必要がある。一様な円盤（質量 M，半径 a）の中心軸周りの慣性モーメント I は，角運動量保存則より式（2.1）のように求まる（**図 2.18**）。

$$I = \int r^2 \, (\rho 2\pi r dr) \tag{2.1}$$

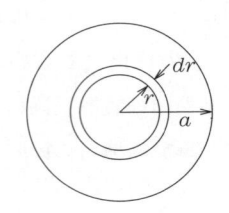

図 2.18　円盤の慣性モーメント

　式（2.1）に含まれる構造化のための設計変数は，密度 ρ（材質の変数）と半径 a（形状の変数）である（板厚は一定とする）。慣性モーメントに基づく出力性能を得ることを目的とする機械や装置としては，その構造化のために，一つは円盤の材質と半径を設計変数とし，所要の性能の定量的評価を行うことになる。

　円盤の例からもわかるように，出力性能を実現するために，2.4節で説明した設計解を構造化する必要がある。そのためには，製品企画，設計企画における検討，あるいは前述の詳細設計の事前的検討を踏まえつつ，物理原理，メカニズム，機構などの設計解を構成するそれぞれの要素（機構学では，機構を構成する要素を機素ともいう）に関して，おもに形状・寸法および材質を決める必要がある。形状・寸法，材質を決める方法は一般的には以下の方法による。

　まず，各要素ごとに，形状・寸法および材質に関する設計変数を仮定する。

2.5 詳細設計

その際，設計者の経験，知識や文献などの内容で参考になるものがあれば利用する。これらの内容をもとに**図2.19**における変数の初期値を決める。初期値の組合せを用いて，要素あるいはそれらの集合体であるユニット，あるいは機械，装置の出力性能を算出する。前述の慣性モーメントであれば，式 (2.1) で求めた値である。

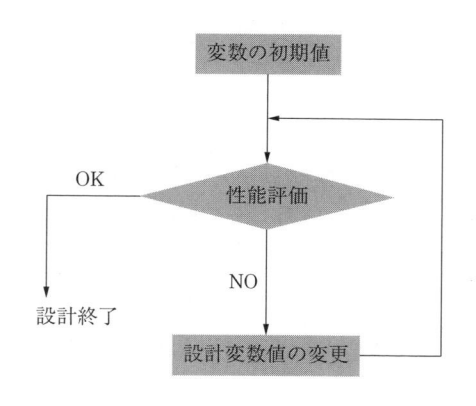

図2.19 設計変数値の決め方（ポイントベース設計）

算出結果が要求性能を満足すれば，初期値の組合せが設計解になる。通常は，最初の組合せで出力要求性能を満足することは少なく，その場合は，初期変数のうちのいずれかの初期値を変更し，再度性能評価を行う。すべての初期変数について，こうした繰返しを実行し，要求性能を満足する変数値の組合せを探索する。図2.18の円盤の例でいえば，必要な慣性モーメント出力性能を満足する半径，厚さ，材質（密度）を探索し，決定していくことになる。以上のように設計変数の初期値を設定し，これを変更しながら要求性能を満足する変数解の組合せを求める方法を，**ポイントベース設計**という。

そのうえで，得られた変数解に基づく構造に対して，前節の事前的検討の各事項で指摘された内容を検討する。あるいは，明確化された**製品企画**の内容，**設計企画**における要件や条件に照らし合わせた検証も必要となる。また，後述する**多目的設計**にかかわる設計検討もある。これらの検討の結果によっては，前述のポイントベース設計で得られた形状・寸法，材質などの再度の変更もありうる。

2.5.1項の事前的検討に関して，円盤の回転運動の例でいえば，以下の内容も検討事項となりうる。緊急時の電力供給の停止やそのためのブレーキの機構についての検討あるいは回転体が露出していることの安全上の問題への対処検討（**周辺要因**），設置場所のスペースの関係で全体の半径などの大きさに制約がある場合には，厚さや材質の変更でも同一の出力性能を得ることも可能であり，そのための検討（スペースの制約，形状・寸法への影響）もある。

2.5.3　多目的設計

製品企画の段階では，機械，装置としての本来的性能だけではなく，各種の技術的性能，コスト，軽量化（コンパクト化），あるいは環境対応などが製品のもつべき重要な特性として企画されることがある。これらは詳細設計における**事前的検討**（本来的性能の実現上，検討すべき事項）とは異なり，本来的性能に匹敵する別の目的特性であり，本来的性能とともに全体として同時に満足すべき企画となる。このように多種類の目的・企画を同時に満足するように設計検討することを**多目的設計**という。ここでは，機械，装置の製品企画の段階として説明したが，機械，装置を構成するユニットや部品の詳細設計段階でも同様な多目的設計の状況はありうる。

一方，多くの目的を同時に実現しようとすると，一般にそれぞれの目的を実現する設計内容がたがいに背反することがしばしばある。ある目的に対して，他の目的は拘束条件，制約条件ともなり，あるいは干渉を引き起こし，複雑に絡み合う。例えば，シャフト（丸棒）の設計において剛性と軽量性の二つの目的性能を同時に満足させる簡単な例を考える。材質は固定で，設計変数を軸径dとすると，剛性の観点ではdは大きいほうがよい。しかし，軽量化の観点ではdは小さいほうがよい。また一般的な例として，性能とコストは，性能がよければコストは高く，これらは背反する傾向があり，両立は難しい場合も多い。

設計内容が背反する性能であっても，実際上設計解を求めなければならない。そのためには，性能の満足度や優先度に差をつける，あるいは他の条件を

2.5 詳細設計

変更するなどして実際上の設計解を求めることになる．そのうえで多目的の具体的な設計解を求める方法としては，大きく分けて三つの方法がある[6)〜8)]．

〔1〕 **数理計画法** 一つ目は，**多目的最適設計問題**を**数理計画問題**として定式化して解く場合である．その基本的な考え方は

目的関数 $(f_1(x), \cdots, f_n(x))$ の制約条件 $x \in X$（実行可能集合）のもとでの最小化（最大化目的関数があれば，－符号を付けるなどして最小化にする）として定式化される．一般に**競合関係**を含むすべての**目的関数**を同時に**最小化**する解は存在しない．例えば，背反する特性である製品性能 f_1 とその製造コスト f_2 を考える．製品性能は大きいほどよいとし，製造コストは小さいほうが一般にはよい．この2目的問題を図示すると**図2.20**になる[7),8)]．図中のPQ曲線の形状から，一方の特性の改善のためには他方の特性の改悪を伴うことがわかるが，このような解を**パレート最適解**と呼んでいる．曲線PQを境い目にした網掛け部分の領域は，両特性にとって実行可能な領域であることを意味しているが，全体を見て最適にはなっていない解である．網掛け部分の領域内の点より，さらによい両特性をもたらす点がPQ上に存在しうるからである．

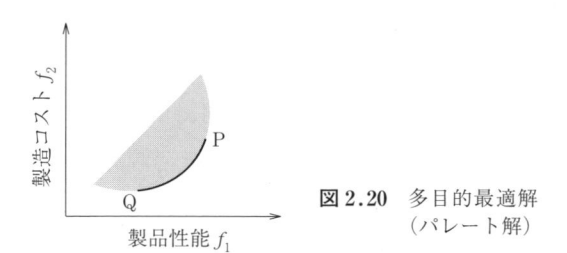

図2.20 多目的最適解
（パレート解）

また，多目的性能の評価に関して，性能ごとの評価の重みの考え方が存在しうる．多目的数理計画問題においては，一般に，例えば個別の目的関数 $f_n(x)$ の線形加重和

$$F = w_1 f_1(x) + w_2 f_2(x) + \cdots + w_n f_n(x) \quad (w_n:\text{重み})$$

の最小化（あるいは最大化）によっては，設計者の重み付けとの対応が必ずしも取れないことが指摘されている[8)]．なお，数理計画法の詳細については文献

7），8）などを参照してほしい。

〔2〕 **ポイントベース法**　二つ目は**ポイントベース**手法であり，設計解の探索手順は基本的には図2.19と同じであるが，評価すべき目的性能が複数あり，また複数の性能のそれぞれに関係し，かつそれらに共通の設計変数が存在する場合である。この手法は設計現場で比較的よく利用されている方法であり，その際，それぞれの性能ごとの評価は**シミュレーション**ソフトウェアによる近似解析を用いることが多い。したがってこの手法では，多数の設計変数に対して，あるポイント値で規定される初期設計値を与え，それに基づいてシミュレーションを実施し，その結果としての解が正確な要求仕様および制約を満たすかどうかを評価し，評価結果が不適切だった場合は，その解が設計目標の実現に到達するまで修正を繰り返すことになる。

この場合，**初期値**の設定の仕方によっては，収束解に至るまでの繰返し回数が増大すること，また，必ず収束解が存在するという保証があるわけではないことが指摘されている。こうした課題をなるべく克服するために，探索の初期値としては，単独性能の解あるいは既成製品（自動車でいえば前型車）の値を参考にすることも多い。また，多数の設計変数を修正する場合に，個別の変数の性能に対する感度を用いることもある。シミュレーションをもとに多目的最適設計解を求めるための商用ソフトウェアも開発され，販売されている。

〔3〕 **セットベース法**　三つ目は**セットベース設計**手法である[6]。**図2.21**にこの手法を概念的に示す。本手法ではポイントベースとは異なり，目標とする**性能変数**と関係する**設計変数**（前述のシャフトの例でいえば，性能変数として剛性と軽量化の二つ，設計変数として軸径d）をそれぞれ範囲（インターバル）で与える。設計変数（軸径d）の範囲から求まる各性能の範囲を**可能性分布**という。可能性分布がそれぞれの目標性能の要求範囲に入っているとすれば，与えた設計変数の当初範囲は適切であったことになる。

図(a)では，目標性能1～3のそれぞれを満足する設計変数dの範囲を円形領域で示している。これらに対応する設計変数dの範囲を設計変数dの設計空間に重ねて示したのが図(b)である。図(b)ではそれらに共通集

2.5 詳細設計

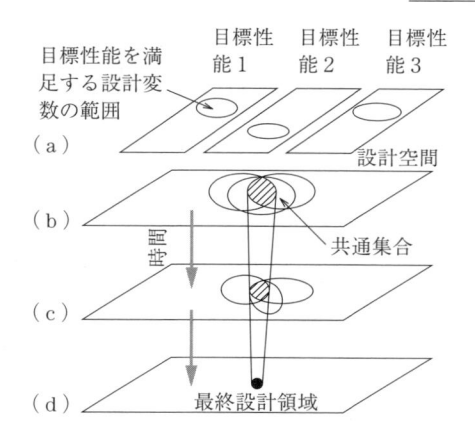

```
目標性  目標性  目標性
能1    能2    能3
目標性能を満
足する設計変
数の範囲
(a)
                    設計空間
(b)
    時              共通集合
    間
(c)
                図 2.21  セットベース
                        設計手法
(d)        最終設計領域
```

合領域が存在する状態を示している。**共通集合**領域は目標性能1～3のそれぞれの範囲を部分的に満足していることを示している。設計の進展とともに他の条件などが新たに加わると，共通集合領域はその条件などにより狭まっていく〔図 (c)〕。すべての条件を考慮した結果として，すべての性能の範囲を満足する設計変数領域を最終的に求めることになる．仮に共通集合領域がなければ，当初の可能性範囲を広げる，あるいは移動するように設計変数の範囲を広げるか，移動すればよい．

ここまではセットベース設計手法の考え方を示したものであるが，実際の具体的セットベース設計手法〔これを **PSD**（preference set based design）手法という〕では，**図 2.22** に示すように，要求性能と設計変数に関して，まず設計者が範囲と範囲内の**選好度** p を指定する。選好度 p とは，$p = [0, 1]$ の範囲の値で与え，選好度 $p = 0$ の領域は許容範囲（その領域の外側は検討の対象外），選好度 $p = 1$ の領域は十分満足できる範囲を示す。図 2.22 の場合では，許容範囲は，設計変数では $[D_{01}, D_{02}]$，要求性能では R_1 以上であり，十分満足できる範囲は，設計変数では $[D_1, D_2]$，要求性能では R_2 以上であることを示している。許容設計変数の範囲 $[D_{01}, D_{02}]$ を用いて**性能変数範囲**を求める（このことを写像という）と範囲 $[F_1, F_2]$ が求まる。求められた性能の範囲を**可能性分布**という。その求められた範囲は指定された要求範囲にまったく入っ

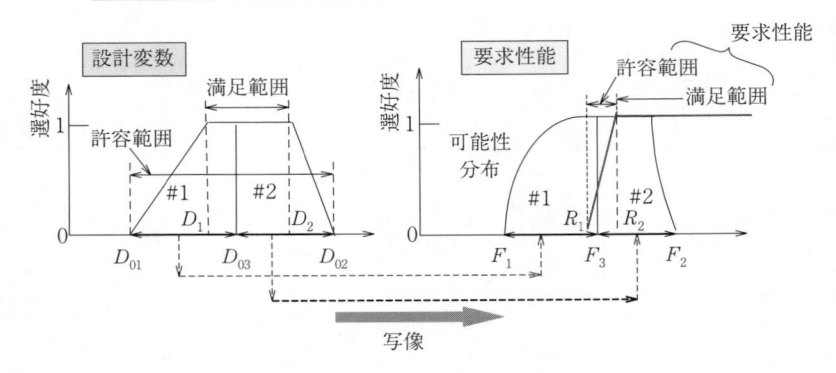

図 2.22 PSD 手法における解の伝播

ていない領域もある．そこで，設計変数の範囲を分割（図 2.22 では 2 分割の例）し，それぞれの範囲（#1 と #2）から性能の範囲を求める．性能の可能性分布が指定された性能の範囲（許容範囲を含めて）に入れば，その可能性分布に対応する設計変数の分割範囲（図 2.22 では #2）が性能範囲を満足する**設計変数範囲**となる．性能の範囲に入る設計変数の分割範囲がなければ，設計変数の分割をさらに細かくする．分割にかかわらず性能範囲と設計範囲が対応しなければ，当初の設計変数の範囲を再設定することになる．詳細については文献 6) を参考にされたい．

2.5.4 設計と CAD と解析

詳細設計の段階では，実際の製品としての設計を行うために，2.5.3 項でいうところの機能の構造化設計を行う．構造化設計とは，製品としての必要な機能性能，さまざまな要件などを具体的・定量的に実現するために，形状・寸法，材質，配置，接合などを決定していくことをいう．

それらの種類，特性によってはそれらの特性をコンピュータによる**近似解析**で求めることができ，実際の設計の現場ではこれらの解析が多用されているのが実際である．例えば，弾性変形，衝突変形，振動，音響，流体，熱，電磁波などにかかわる現象である．こうした物理的特性の結果を用いて，機械，装置などの本来的機能を構造化する形状・寸法，材質などを決定していくことになる．

近似解析の手法としては，**有限要素法**や差分法などの数値解法が用いられる．これらの解析は一般的には，2.5.3項「多目的設計」で説明した二つ目の基本的考え方である**ポイントベース**に基づいて設計を支援している．したがって解析の手順は，いずれの特性などに関しても図2.19に示す流れである．設計対象の構造を**3次元 CAD モデル**として用意し，一般的には解析手法として有限要素法を用いることが多いが，この場合，3次元 CAD モデルから有限要素解析の**要素分割**モデルを得るのが一般的である．要素分割された対象構造に対して境界条件（例えば，弾性変形なら荷重負荷条件など）と拘束条件（弾性変形なら変位の拘束条件など）を与えて解析を行う．

ここでは，近似解析の例として**弾性体**の有限要素解析の概略について説明する．解析手法に関するより詳細な説明は第6章で述べる．具体例として，円孔を有する2次元板材の**応力集中問題**（弾性問題）を有限要素法で解析する例を取り上げる（**図 2.23**）．図（a）は円孔板の図であり，円孔の半径 r，板幅 $2W$，板の長さ $2L$ に具体的数値を与えて描いた図である．図（b）は円孔板を三角形要素で分割した概略図である．今，板厚 t を 1 mm として，平面応力状態（第6章を参照）として応力分布を有限要素法で解析し，その結果から応力集中係数 α を計算する（荷重端での負荷応力，または板幅と円孔直径の差と板厚の積（面積）で負荷荷重を除した平均的応力に対する円孔際の最大応力の倍数）．その結果，α が大きすぎれば，半径 r，または板幅 $2W$ を変更する必要がある．半径 r は孔の機構的意味（例えば，軸を通すための孔）から変更が不可であれば，W を変更（大きく）することになる．孔に入る軸径が変更できるのであれば，r も変更対象となりうる．

図 2.24 に従って，W または r の値を変更して繰返し計算を実行し，要求性能である小さい応力集中係数の値を求めることになる．解析対象モデルをCADで作成しておけば，CAD モデルにおける**パラメトリックデザイン**の機能（第5章参照）を用いることができることも多い．この場合，W または r の具体的数値に従って形状は自動的に変更される．変更された CAD モデルを用いれば，要素分割図の作成も自動化され，容易となる．

（a）円孔の応力
　　　集中問題　　　（b）要素分割

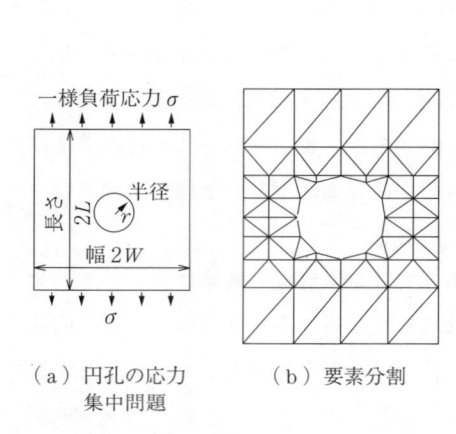

図 2.23　円孔の応力集中問題

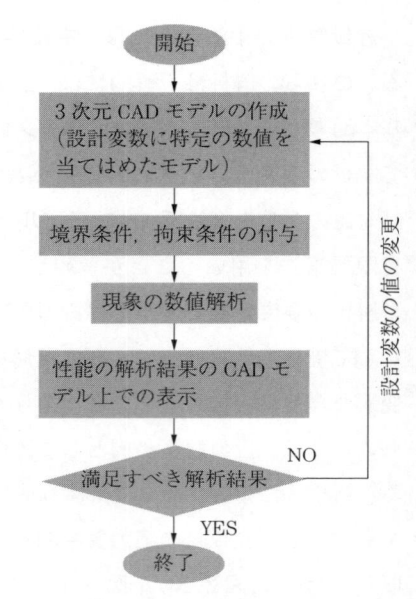

図 2.24　有限要素法による
　　　　　　最適性能探索

2.5.5　制　約　条　件

　形態（形状・寸法，材質，配置，接合など）について検討する詳細設計段階では，材質は形態の他の要素を決めるためにも必要な情報であり，この段階での設計対象として位置付けられている。そのうえで材質，材料についての種類や特性に関する詳細については，第3章で説明する。これに対して加工法は設計の**制約条件**として位置付けられる。

　一般に設計に対する制約条件としては，文献9）によれば，空間，重量，加工法，組立て・分解，操作性，安全性，耐久性，標準・法規があがっている。何が制約条件になりうるかは，必ずしも厳密ではなく，製品に依存するであろう。例えば，環境負荷（CO_2負荷など）対応，あるいはコストなども制約条件になりうる。制約条件は基本的には詳細設計過程で考慮，実現していく内容であるが，場合によっては製品企画，詳細設計の事前的検討の段階でも対応項目

やその内容を調査検討しておくことが必要であろう。

　本書では，制約条件の例として加工法，組立ておよび環境負荷対応を説明する。そのうち本章では，設計の観点から加工の情報について知っておくべき基礎的事項を，および第7章では具体的な加工法を説明する。

　設計検討のなかでその対象としてあがってくる**部品**，**機械要素**や**ユニット**は，可能なものは**標準品**，**規格品**や市販品を使用することが望まれる。これらは一般に量産品であり，独自に設計，加工して用意するよりは，コストや加工時間，あるいは保守部品の準備としては優位であるからである。標準部品や規格部品については第4章で説明する。

〔1〕　**加工と設計**　　標準品，規格品など以外の部品やユニット，あるいは装置そのものの部材は製品化の過程で独自に加工，製作することになる。加工の種類とそれに対応した**加工法**にはさまざまな種類がある。また，利用できる加工装置やその能力には一定の限界もあることが普通である。こうした加工法や加工装置の制約だけでなく，加工の基本条件や組立性など設計時に検討すべき加工上の考慮点がある。いわゆる「製品としてつくれない，機能しない設計」にならないための考慮である。本節ではこのような考慮点について説明する。具体的な加工の種類と加工法については，第7章で説明する。

　設計時に知っておくべき加工に関する基本として，まず加工によって製作する基本的な形状の種類を**表2.4**にあげる[9]。そのうえで設計時に考慮すべき加工上の考慮点について以下に述べる。基本形状としては，ブロック，棒，板，任意形状があり，それに段，穴，溝，くぼみをつける形状が加わる。

　(**a**)　**加工の精度と設計**　　例として円板の製図図面〔**図2.25**（a）〕を示す。図から，円板の直径は50 mmであることがわかる。図面に示されたこのような寸法を**基準寸法**という。加工の立場からいえば，円板を直径50 mmで製作しようとしても，正確に50 mmに加工することは本質的に難しい。非常に高価な精度のよい加工機を使用すれば50 mmに近づけることは可能であろうが，加工のための費用や時間がかかることになる。基準寸法50 mmに対して適度の許容差（実際の加工寸法として許される範囲）を与えれば，それらの

表 2.4 加工による基本形状 [9]

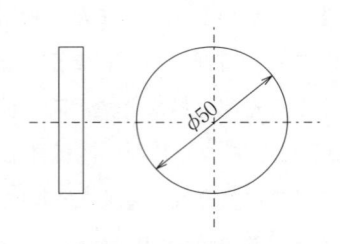

形状の分類		実際の形
基本形状	ブロック	円柱や角柱
	棒	丸や角の棒
	板	厚板と薄板
	任意形状	3次元ならびに2次元の自由形状
段付き形状	軸対称	軸対称の段，テーパ形状（広い意味の段）
	ブロック	ステップ状の段
	箱	箱そのもので段差を確保
穴（貫通穴，止まり穴）		ドリルによる穴（貫通穴または穴底がドリルの刃先角度），エンドミルによる穴（角底の穴），段付き穴
溝		Oリング溝，キー溝，一般の溝
くぼみ		軸対称のくぼみ，一般のくぼみ

（a）寸法公差指定なし（普通公差）　　（b）寸法公差指定あり

図 2.25 寸 法 公 差

費用や時間は削減でき，量産性もよくなる。

このように，加工の立場から形状・寸法に与える許容差は**公差**として表現され，加工を考慮した設計のあり方になる。つまりすべての寸法設計には，基本的には公差が必要になる。公差には**寸法公差**（はめ合いを含む）と**幾何公差**がある。以下これらについて説明する。

1）寸法公差：寸法に関する公差は図 2.25（b）のように表現され，基準寸法を間に挟んで，実際に許される寸法の最大値と最小値で示される。最大値と最小値の差を寸法公差という。図 2.25（b）の場合は寸法公差は 0.05 mm であり，最大値 50 mm と最小値 49.95 mm の範囲内で製作すれば許容される

2.5 詳細設計

ことを示している。

寸法公差は，穴と軸の**はめ合い**の場合以外では，一般に図2.25（b）のように表現される。寸法公差の指定のない寸法〔例えば，図2.25（a）〕の場合は**普通公差**（普通許容差ということもある）に従う。寸法の長さ，面取り部の長さ，角度に関する普通公差はJIS B 0405で規定されているが，その一例として長さに関する普通公差を4種類の公差等級レベル（精級，中級，粗級，極粗級）ごとに**表2.5**に示す。普通公差に関する情報は，一般には用いた等級（記号）と基準寸法の区分ごとの普通公差を示す表を図面の表題欄近くに作成して示す。

表2.5 普通公差（JIS B 0405） 〔単位：mm〕

公差等級		基準寸法の区分							
記号	説明	0.5*以上 3以下	3を超え 6以下	6を超え 30以下	30を超え 120以下	120を超え 400以下	400を超え 1000以下	1000を超え 2000以下	2000を超え 4000以下
		許 容 量							
f	精級	±0.05	±0.05	±0.1	±0.15	±0.2	±0.3	±0.5	−
m	中級	±0.1	±0.1	±0.2	±0.3	±0.5	±0.8	±1.2	±2
c	粗級	±0.2	±0.3	±0.5	±0.8	±1.2	±2	±3	±4
v	極粗級	−	±0.5	±1	±1.5	±2.5	±4	±5	±6

（注）＊：0.5mm未満の基準寸法に対しては，その基準寸法に続けて許容差を個々に指示する。

穴と軸のはめ合いの状態には，すきまばめ，中間ばめ，しまりばめの3種類がある。すきまばめは穴径が軸径より大きく，両者を相対的に動かしうるはめ合いである。しまりばめには，さらに圧入，焼ばめ，冷しばめの3種類があるが，いずれも組立て・分解に大きな力を要するはめ合いであり，強い圧入，焼ばめ，冷しばめでは一般に分解することのない固定的組立になる。中間ばめはすきまばめとしまりばめとの中間のはめ合いであり，潤滑材を使用すれば手動で可動できる程度から，分解に相当程度の力を要するはめ合いの場合である。はめ合い公差としての寸法許容差はJIS B 0401に決められているが，その一例を**表2.6**〔（a）：穴用，（b）：軸用〕に示す。また実際の製図における記入法の例を**図2.26**に示す。

（a）穴用

表2.6 はめ合い公差（JIS B 0401） 〔単位：μm〕

基準寸法の区分 [mm] を超え	以下	D9 上	D9 下	E7 上	E7 下	E8 上	E8 下	F7 上	F7 下	F8 上	F8 下	G7 上	G7 下	H6 上	H6 下	H7 上	H7 下	H8 上	H8 下	H9 上	H9 下
3	6	+60	+30	+32	+20	+38	+20	+22	+10	+28	+10	+16	+4	+8	0	+12	0	+18	0	+30	0
6	10	+76	+40	+40	+25	+47	+25	+28	+13	+35	+13	+20	+5	+9	0	+15	0	+22	0	+36	0
10	18	+93	+50	+50	+32	+59	+32	+34	+16	+43	+16	+24	+6	+11	0	+18	0	+27	0	+43	0
18	30	+117	+65	+61	+40	+73	+40	+41	+20	+53	+20	+28	+7	+13	0	+21	0	+33	0	+52	0
30	50	+142	+80	+75	+50	+89	+50	+50	+25	+64	+25	+34	+9	+16	0	+25	0	+39	0	+62	0
50	80	+174	+100	+90	+60	+106	+60	+60	+30	+76	+30	+40	+10	+19	0	+30	0	+46	0	+74	0
80	120	+207	+120	+107	+72	+126	+72	+71	+36	+90	+36	+47	+12	+22	0	+35	0	+54	0	+87	0
120	180	+245	+145	+125	+85	+148	+85	+83	+43	+106	+43	+54	+14	+25	0	+40	0	+63	0	+100	0

（b）軸用 〔単位：μm〕

基準寸法の区分 [mm] を超え	以下	d9 上	d9 下	e7 上	e7 下	e8 上	e8 下	f7 上	f7 下	f8 上	f8 下	g6 上	g6 下	h7 上	h7 下	h8 上	h8 下	h9 上	h9 下	h10 上	h10 下
3	6	-30	-60	-20	-32	-20	-38	-10	-22	-10	-28	-4	-12	0	-12	0	-18	0	-30	0	-48
6	10	-40	-76	-25	-40	-25	-47	-13	-28	-13	-35	-5	-14	0	-15	0	-22	0	-36	0	-58
10	18	-50	-93	-32	-50	-32	-59	-16	-34	-16	-43	-6	-17	0	-18	0	-27	0	-43	0	-70
18	30	-65	-115	-40	-61	-40	-73	-20	-41	-20	-53	-7	-20	0	-21	0	-33	0	-52	0	-84
30	50	-80	-142	-50	-75	-50	-89	-25	-50	-25	-64	-9	-25	0	-25	0	-39	0	-62	0	-100
50	80	-100	-174	-60	-90	-60	-106	-30	-60	-30	-75	-10	-29	0	-30	0	-46	0	-74	0	-120
80	120	-120	-207	-72	-107	-72	-126	-36	-71	-36	-90	-12	-34	0	-35	0	-54	0	-87	0	-140
120	180	-145	-245	-85	-125	-85	-148	-43	-83	-43	-106	-14	-39	0	-40	0	-63	0	-100	0	-160

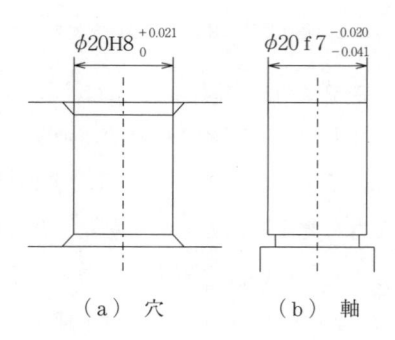

$\phi 20 H8 ^{+0.021}_{0}$　　　$\phi 20 f7 ^{-0.020}_{-0.041}$

（a）穴　　　（b）軸

図2.26 はめ合い公差の記入法

2) **幾何公差**：幾何公差は物体の正しい形状，姿勢，位置などに関する許容差を示すものであり，ここでは代表的な形状公差，姿勢交差，位置交差の3種類について説明する[10]。JIS規格はB 0021である。

形状公差の例として平面度と円筒度を示す。平面度は**表2.7**（a-1）のよう

表 2.7 幾何公差の種類

種類	名称	指示例	意味
形状公差	平面度 (a-1)	⌭ 0.05	矢印の面の凹凸は 0.05 mm 以内にあること。
	円筒度 (a-2)	⌭ 0.05	矢印の面の凹凸は 0.05 mm 離れた 2 円筒面の間にある。
姿勢公差	平行度 (b-1)	// 0.03 A	AA′, BB′, CC′ は平行, AA′ は基準として, 矢印の面が BB′ と CC′ の間にある。
	直角度 (b-2)	⊥ 0.03 A	AA′ と BB′ は直角, BB′ と CC′ は平行, AA′ は基準として, 矢印の面が BB′ と CC′ の間にある。
位置公差	同心度 (c-1)	◎ 0.02 A	基準円筒 A と矢印の円筒とのずれは 0.02 mm 以内。

に示し,平面上の任意の点が矢印の方向に,この例では 0.05 mm 内の変動に収まっていることを示している。円筒度は (a-2) のように示し,円筒面上の任意の点が半径方向に,この例では 0.05 mm 内の変動に収まっていることを示している。

姿勢公差の例として平行度と直角度を示す。平行度は表 2.7 (b-1) のように示し,Aで指定した面を基準面として,これに対して矢印の面が 0.03 mm の範囲内に傾斜して入ることを許容する平行度を示している。直角度は表 2.7 (b-2) のように示し,Aで指定した面を基準面として,これに対して矢印の

点の位置が基準面方向に，この例では 0.03 mm の範囲内で変動することを許容する直角度を示している．したがって直角度は角度ではなく，対象面の傾斜を示す位置で表現する．

位置公差の例として円筒の同心度を規定している．同心度は表 2.7（c-1）のように示し，Ａで指定した円筒を基準円筒として，その中心点に対して矢印で示した円筒の中心点の位置の変動範囲で示す．この例では 0.02 mm の範囲内で許容することを示している．

（b） **加工の基準面と設計**　　加工は部材を指定された形状・寸法に仕上げることが目的の一つである．その際の寸法は必ず基準となる面，線，点からの寸法となる．一般に加工自体，あるいはその結果としての形状・寸法の計測には誤差がある．したがって基準となる面，線，点の取り方によって寸法精度が異なってくる．このことは製品や部品の機能や組立てのときにも大きな影響を与える．誤った基準面を採用すると誤差が累積したり，組立てができなくなったりすることもある．**図 2.27** に**加工基準**と**寸法指定**の方法の例を示す．図（a）は固定基準の場合である．図（b）は中心線を基準にして二つの円孔の位置を決める．図（c）は加工順に基準が移動する場合である．基準 1 をもとに下側の壇の位置を決め，その壇位置を基準（基準 2）にしてその上の壇の位置を決め，さらにその位置を基準（基準 3）にして上面の位置を決めている．一般に図（a）を並列寸法，図（b）を振り分け寸法，図（c）を追っかけ寸法[11]，ということもある．

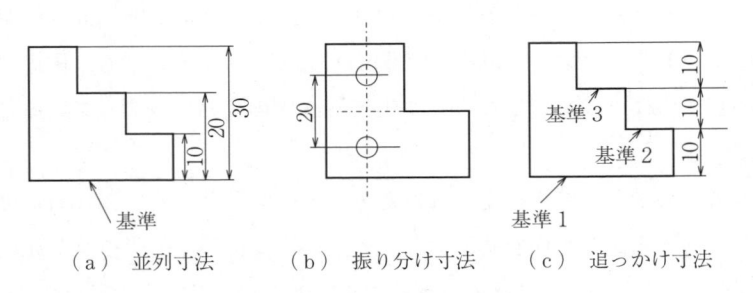

　　　　（a）並列寸法　　　　（b）振り分け寸法　　　　（c）追っかけ寸法

図 2.27　加工基準と寸法指定

2.5 詳細設計

〔2〕 **組立性と設計**　組立てはまず組立ての可能な構造にしなければならない。図 2.28 に示す構造のように組立手順に無理がある構造はまずい設計となる。あるいは製品の使用中などにおいて分解が必要な場合は，分解対象部品を製品表面の近い位置に組立てを行い，外部から直接分解が可能なように組立位置を設定しておく設計は重要である。

そのうえで組立てで一般的に重要なことは部品（モジュール）の組立ての正確さと容易さである。正確さとは，組立てには組立ての位置決めが必要であり，それぞれの組立ての段階において位置決めが取れるように設計することが必要である。

位置決めには，当て板の利用，軸と穴のはめ合いの利用，治具の利用などがある。図 2.29（a）の場合，a と b の穴がいわゆるバカ穴でこれらを c より先にボルトで締結をすると，図（b）のようにずれて固定され，c にボルトが通らないことが起こりうる。図（c）のように上下の穴の位置を正確にそろえるために，当て板を用意し，その基準表面からの距離で穴の位置合わせを行う。図 2.30 の例では，軸受けをはめ合いの穴に斜めになったりせず，正確に挿入するために，ブッシュ（治具）でガイドしながら当て板を利用して押し込む例を示している。

また図 2.31 のように，位置決めを正確に行った圧入ピン（図の場合はピン間の距離の正確さ，場合によっては，その距離に加えて基準軸に対する方向角の正確さ）に，別物体のはめ合い指定の穴を合わせれば位置決めが可能となる。治具を利用することもある。例えば，ピストンの稼動部のように，稼動部品の稼動部を確保できるように，すなわち，他の部品や操作者との干渉が起きない位置にピストンなどの部品やモジュールを設置する必要がある。そのために稼動範囲を規定する治具を用いることもある。

組立ての容易さの実現方法としてはいくつかの観点があり，その例を**表 2.8**に示す。組立工具との関係でいえば，なるべく少ない種類の工具であること，特殊ではなく標準的な工具であることなどが求められる。また工具が入らなかったり，回らなかったりしないことのないように，工具ストロークと工具ス

図2.28 組立てに無理のある構造

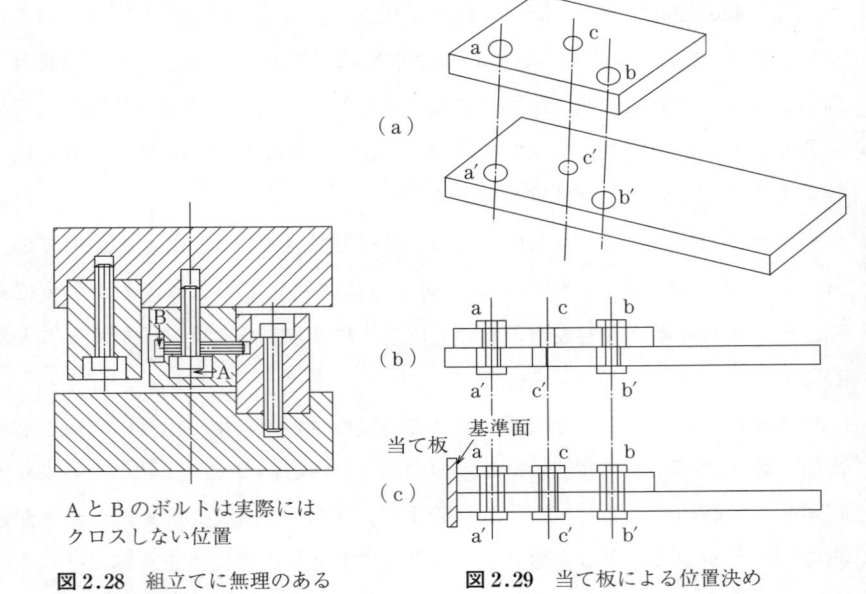

AとBのボルトは実際にはクロスしない位置

図2.29 当て板による位置決め

基準面
当て板

図2.30 当て板の利用による軸受けの挿入

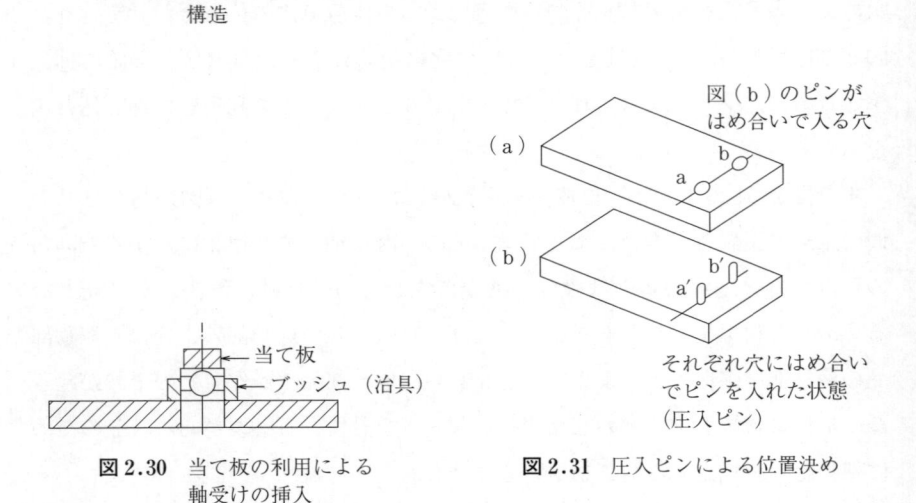

当て板
ブッシュ（治具）

図2.31 圧入ピンによる位置決め

図(b)のピンがはめ合いで入る穴

それぞれ穴にはめ合いでピンを入れた状態（圧入ピン）

ペースは十分確保する必要がある。ねじ締めによる組立ての場合は，トルクレンチで締付け力を設定して締めることが必要である。そうしないと締付け力のバラツキが発生し，ねじの緩みなどの原因になる。また工具のスパナで円筒部

表 2.8 組立容易性の実現の観点とその例

観　点	具　体　例
工　具	少ない種類 標準工具 工具ストローク，作業スペース トルクレンチによる一定の締付け力 作業に合った形状
軸と穴	面取り
方向性	なるべく1方向 重力利用

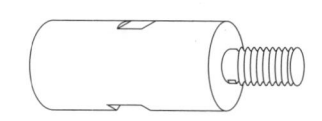

図 2.32 スパナ工具利用のための平行部

を挟んで回転運動を起こして組立てを行う場合は，円筒部に**図 2.32**のような平行部を取るような加工をしておくことが望ましい。

穴に軸などの他部品を挿入する場合などは，両者の挿入端部に面取りをすることで，挿入を容易にすることが可能となる。

組立方向の観点から組立ての容易さについていえば，組立方向は1方向であることが理想的である。製品の向きの変更，あるいは作業者の移動が少なくて済み，組立操作時間の増加を防ぐことが可能であるからである。さらに重力が利用できる上方向からの組立てがやはり理想的である。水平方向や斜め方向からの組立ては，部品の保持（位置取りと向きの設定）が容易でなくなることも多い。

〔3〕**環境負荷対応と設計**　製品によっては，**環境負荷対応**は製品企画の段階として設定される場合もある。その場合は，このことが主要な出力性能の一つと見なされていることを示している。この対応とは別に，詳細設計の段階としての対応もありうる。例えば，機械，装置の性能としての出力の発現に伴って付随的に発生する環境汚染物質の出力もありうる。これは，2.5.1項「詳細設計における事前的検討」の〔2〕「周辺要因の検討」ともいえる。自動車のエンジンあるいはマフラーの性能によっては，燃費の低さや排気ガス中の環境汚染物質の濃度が課題になる場合もこの範囲に入る。また，製品製作のための資源から製品の廃棄・リサイクルまでの，製品の一生涯における環境負荷を評価する**ライフサイクルアセスメント**（life cycle assessment，**LCA**）に関

する対応もある．すなわち機械としての出力性能を実現する設計案が提案された場合に，設計内容から判断できる，材料とその必要量にかかわる資源の準備，素材・部品調達や製品搬送の輸送，加工組立ての動力使用，製品の廃棄や回収など，さまざまなプロセスで生じるCO_2排出量などの評価の問題である．あるいは製品のユニットや部品のリサイクル，リユースに関する検討が必要になる場合もある．

　ここでは詳細設計段階における検討であるので，LCAによる評価そのものではなく，製品設計に関連した環境負荷削減のためのオプション（設計対策）の概要について説明する．すなわち，製品ライフサイクルにおける環境調和型設計の選択肢〔これを**ライフサイクルオプション**（life cycle option）という〕に関する説明である．この選択肢には大きくいえば，リデュース（reduce），リユース（reuse），リサイクル（recycle）（これらを総称して**3R**という）があるが，それぞれにはさらにいくつかの具体的オプションがある．

　（a）リデュース　　リデュースについてはさまざまな考え方がある．例えば，顧客の関心は製品の提供するサービスを享受することを主とし，製品のハードウェア自体の所有ではなくすることによってハードウェア自体の生産量を減らす，あるいは製品の廃棄物発生量を削減することを目標とする設計を行うことなどである．ここでは後者について説明する．特に本章では詳細設計の制約条件として位置付けているので，リデュースは製品の長期使用による廃棄物発生量の抑制を目的とすることとする．そのためのオプションとしては長寿命化，メンテナンス，アップグレード，小型軽量化などがある．

　長寿命化は製品の劣化部の特定と劣化原因を解析し，その対策機構を設計しておくことである．例えば，**図2.33**に示すようにコンピュータ（パソコン）のCPUは，熱発生による性能劣化やその他のユニットへの熱影響が問題になることがある．その対策として，ファンの導入やフィン構造による空冷効果を設計し，長寿命化を図る．

　メンテナンスは，長寿命化のように設計時点で耐用寿命の長期化を図るのではなく，使用中での点検，修理，交換などにより部品や機器の信頼性を維持す

冷却フィンで覆われたCPU　冷却用ファン（2個）

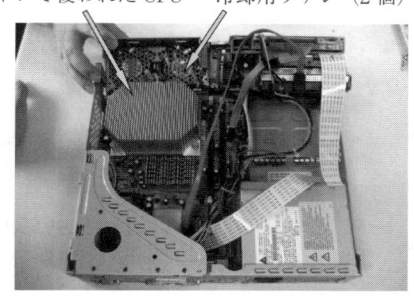

図 2.33　パソコンの発熱と長寿命化

るための手段である．設計としては，故障や劣化した部品などが発見しやすく，修理・交換のしやすい製品構造（レイアウト）に設計しておくことが大事である．すなわち，メンテナンスを実施することを前提にした設計とする．

　アップグレードは製品の使用途中で，すなわちハードウェアの場合では製品の耐用寿命が来る前に部品やモジュール，あるいはソフトウェアの交換により製品の性能を向上させることを前提にした設計を行うことをいう．耐用寿命は尽きていないが，いわば価値寿命が尽きて新たな価値を付与する設計である．コンピュータのCPUのアップグレードによる計算処理速度の向上などである．

　小型軽量化では，例えば，コニカミノルタでは医療現場で使用するレントゲンやCTなどの画像処理装置を開発しているが，2007年時点で，その8年前の製品に比較して，70〜80％の重量削減を果たしている．同社では光学レンズユニットの軽量・小型化を進め，省資源に努めるとともに，デジタルカメラ，モバイル機器などにおける共通ユニット化による省資源も図っている[12]．

　（**b**）**リユース**　　リユースは部品やモジュールを再利用することである．再利用の方法にはつぎの3種類がある．製品組込型，保守交換型，別製品提供型である．製品組込型は使用済み製品から取り出した部品を洗浄，検査を行い，機能保障の可能な部品を新規製品の部品として再度利用することをいう．製品組込型リユースの例としては複写機がある．複写機は機能の使用状態がつねに一定で，管理可能である．ユーザの操作はボタン操作のみであって，コピー機能などは一定の機械的繰返しのみであるので，部品やモジュールの耐久

寿命設計が比較的実施しやすい．ユーザの使用回数（コピー回数）もカウントされるので，回収された製品やその部品などの残存寿命の評価も比較的容易であり，これを組み込んだ新規製品の寿命設計も可能となる．複写機をレンタル製品とすれば，リユース部品などの組込みは新規製品の設計として，いっそう見通しのよい設計となりうる．

いずれにしても部品などのリユース設計を行う場合は，後述する保守交換型リユースの場合も含めて，リユース部品などの品質保証をいかにするかの課題が重要となる．特に安全性などにかかわるリユース部品などは重要である．

保守交換型は，使用済み製品から回収した部品などを保守交換のためのスペアパーツとして再利用することをいう．自動車のように中古車としての利用が進んでいることや中古の電気製品の売買が可能となっていることなど，中古製品が社会のなかで位置を得ている状況があり，これらの製品にはスペアパーツは必要品であると考えられるが，品質保証の課題も残されている．

別製品提供型のリユースは，使用済み製品から回収した部品などを別の種類の製品の部品などとして再利用することをいう．パソコンから回収したCPUやメモリをゲーム機で再利用する例などがある．

（c）**リサイクル**　リサイクルには材料リサイクル，化学リサイクル，熱リサイクルの3種類がある．材料リサイクルは回収した材料を再度材料として利用することであるが，同一品質の材料として利用することをクローズドリサイクルといい，低品質の材料として利用することをカスケードリサイクルという．図 2.34 に鉄のクローズドリサイクルの概念的な例を示す．例えば，廃車自動車からの鉄を電気炉を介して再び自動車用の鉄にリサイクルできればクローズドリサイクルになる．現状では，鉄鉱石から製鋼されて使用される鉄製品の使用後はスクラップ鉄として回収され，そのうち電気炉で再生された鉄は建築材料（H型鋼など）として使用されることが多い．この場合はカスケードリサイクルとなる．一方，市中に出回っているアルミ缶を回収した後，再度アルミ缶として再生される場合はクローズドリサイクルといえる．

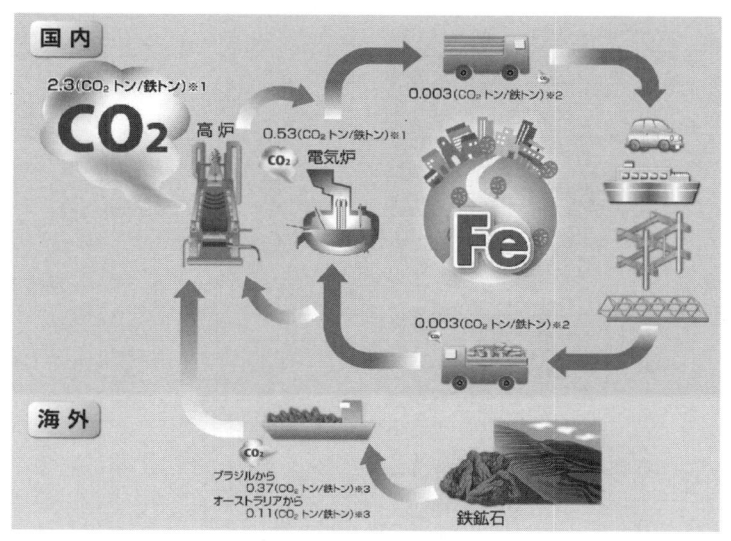

※1 （出典）西野誠：一貫製鉄プロセスにおける二酸化炭素排出理論値に関する調査報告, ふぇらむ, Vol. 3, No. 1 (1998)
※2 （出典）経済産業省・国土交通省：物流分野のCO_2排出量に関する算定方法ガイドライン, p.6, 50 km 陸上運搬
※3 （出典）財団法人シップアンドオーシャン財団：2000年船舶からの温室効果ガスの排出削減に関する調査研究報告書, p.92

図 2.34　鉄のクローズドリサイクルの概念的な例

　化学リサイクルの代表的な例はペットボトルの例である。回収された使用済みペットボトルから品質低下のないポリエステル原料を生成し，ポリエステルポリマーや衣料用繊維素材の開発を行っている[13]（図 2.35）。

　熱サイクル（サーマルリサイクルともいう）は廃棄物を単に焼却処理にするのではなく，樹脂などの可燃性の廃棄物を燃焼させたときに発生する熱エネルギーを回収・利用する方法である。その例としては**廃棄物発電**がある。廃棄物を燃焼させ，そのとき発生する高温ガスによって蒸気をつくり，蒸気タービンで発電機を回転させ発電するシステムである。発電に伴う追加的 CO_2 などの追加的環境負荷がないことや，必要な資源が連続的に得られ，安定的であることから導入が進められている。図 2.36 は廃棄物発電の導入状況（国内）の推移を表している[14]。

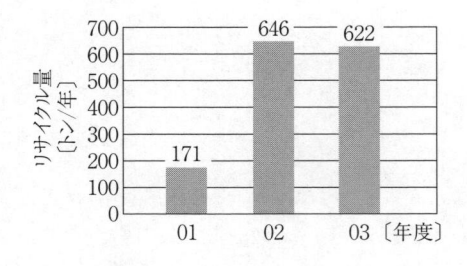

図 2.35 ペットボトルのリサイクル量の推移

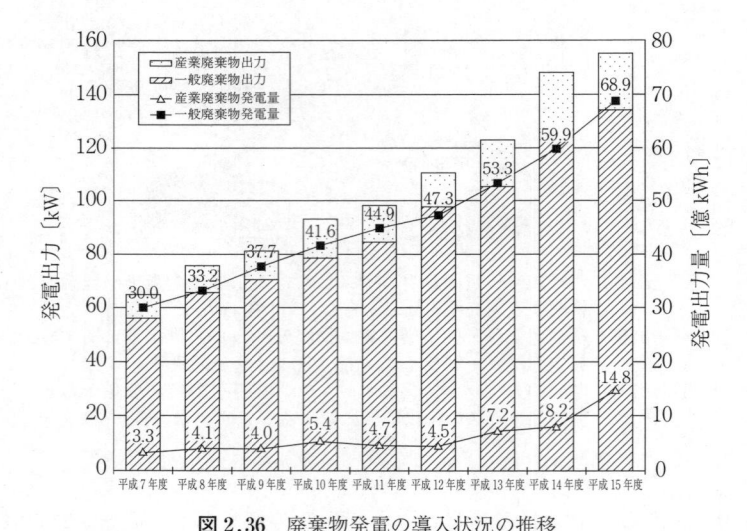

図 2.36 廃棄物発電の導入状況の推移

2.6 ライフサイクル設計（コンカレントエンジニアリング）

　一般に製品のライフサイクルは**図 2.37**[15)]に示すように，その上流プロセスである設計段階から，最終プロセスである廃棄，リサイクル，リユースの段階まである。各プロセスを上流から下流に向けて直列的に進めるのが従来からの流れであった。一方，**図 2.38** は最近大きなニュースになったトヨタ車の米国でのリコール問題を伝えるニュース記事である。この場合，ユーザの使用中に問題となったアクセルペダルの不具合といわれた例であるが，車種を越えて共

2.6 ライフサイクル設計（コンカレントエンジニアリング）

設計 --→ 試作 --→ 製造 --→ 使用，保守，点検 --→ 廃棄，リサイクル，リユース

各プロセスの課題の設計段階での検討

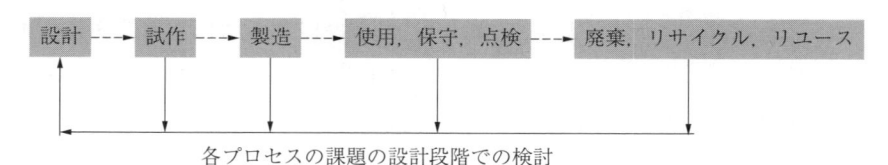

図 2.37 コンカレントエンジニアリングの概念（1）

トヨタ、リコールを発表　ペダル交換、対象426万台

2009年11月25日22時49分

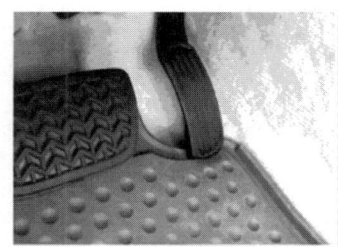

【ニューヨーク＝丸石伸一】トヨタ自動車は25日、フロアマットがずれてアクセルペダルを戻せなくなる恐れがあるとして、米運輸省高速道路交通安全局（NHTSA）にリコール（回収・無償修理）を届け出ることを正式決定した。対象は少なくとも計426万台にのぼる見込み。米国にトヨタが進出した57年以来、同社として米国内では最大規模のリコールとなる。

（中略）
　対象は、高級車「レクサスES350」やハイブリッド車「プリウス」、主力乗用車「カムリ」など計7車種。11月15日現在で計426万台だが、集計中のため、さらに増える可能性もある。一連の対策費用については「まだ固まっておらず、公表できない」（広報担当者）としている。

図 2.38 部品の共通化とコンカレントエンジニアリング

通化している部品であるため，その影響範囲は7車種，426万台以上であると伝えている[16]。つまり，設計の不具合があり，それがユーザの使用中に発見されたためにユーザ，メーカーの両者にとって幅広い損害を生じることになった例である。

こうした設計プロセスにより，後段における課題を可能な限り設計段階で検討・解決しておこうとするのが**ライフサイクル設計**，あるいは**コンカレントエンジニアリング**〔**協調工学**（concurrent engineering, CE）〕である。ライフサイクル設計という場合は，最終段階の廃棄・リサイクル・リユースをしっかり考えた設計という意味合いが強調される場合もある。いずれにしても，後工程の内容を設計段階でつくり込んでおくこと，すなわち，後工程の内容の設計における同時並行的処理を意味するが，このことは製品開発の期間とコストの低減化をもたらす。

図 2.39（図 1.12 再掲）に示すように，設計という作業自体はいわば試行錯誤が許容される紙上演習であり，思考あるいは試行の自由度の高い作業である。この段階では設計内容は材料を使用した「もの」の形になっているわけではないので，必要な時間とコストを小さくできる。すなわち，コストをあまりかけずに製品を市場の動向に早く合わせて開発し，市場に投入することを意図した考え方がコンカレントエンジニアリングである。

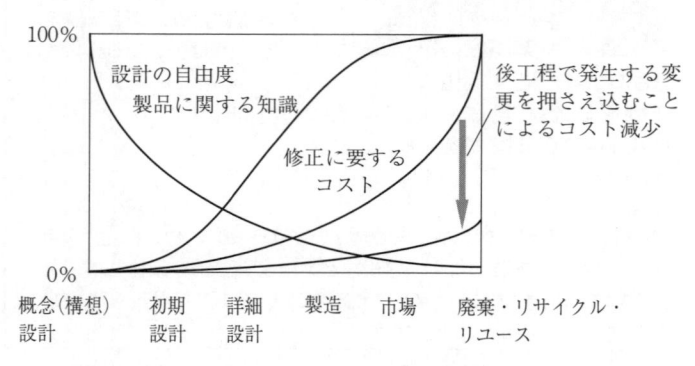

図 2.39 製品のライフサイクルと設計の自由度，コスト構造

コンカレントエンジニアリングにおける同時並行的処理には，もう一つ別の意味合いがある。それは，設計段階におけるさまざまな性能評価のコンカレントエンジニアリングである。**図 2.40** は自動車の設計において検討すべき代表的項目の例を示している[17]。操縦安定性（stability），NVH〔ノイズ，振動，

2.6 ライフサイクル設計（コンカレントエンジニアリング）

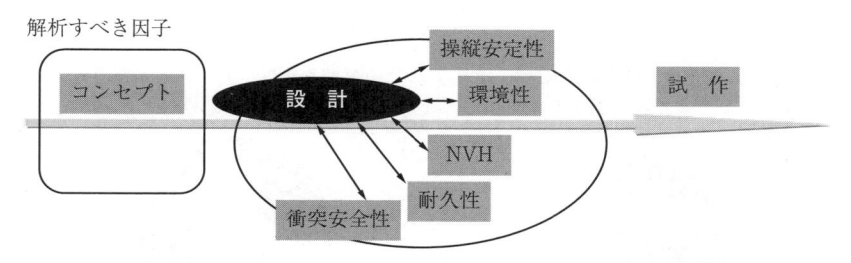

図 2.40 コンカレントエンジニアリングの概念（２）(多性能の同時評価)

ハーシュネス（路面の段差などによってステアリングやフロアなどに感じる振動）〕，耐久性（durability），衝突安全性（crash-worthiness）などの性能を同時に満足する車体の設計を行う必要があり，これらの検討を同時並行的に進めることをコンカレントエンジニアリングという。

二つの意味におけるコンカレントエンジニアリングの同時並行処理について説明したが，コンカレントエンジニアリングの必要要件として，いずれの同時並行的処理であっても，それを進めるための共通基盤を用いることが必要であるといわれている。それは多くの場合，後工程の事象や多性能の挙動を設計で共有できるコンピュータを用いた基盤，すなわち3次元CADであったり，シミュレーションツールによる運動や挙動の解析とその結果情報の共有である。

コンカレントエンジニアリングでは，設計段階でのさまざまな検討が要請されるが，設計段階のなかでも上流の設計段階，初期設計段階での検討が望まれている。しかし，初期設計段階では，与えられる意匠用件や採用されるユニットの要件のみならず，社会的な環境要件の変化や市場環境の変化によって製品計画そのものが流動的であること，設計者が流動的な設計仕様から最良の単一設計解を選定することが難しいこと，製造および組立寸法のバラツキ，使用環境の変化，他部門からの設計解の変動などといったさまざまな**不確実性**が存在するのも事実である。**図 2.41** は，自動車開発プロセスにおける設計変更の発生状況について，主要な自動車メーカー 12 社にアンケートを行った結果である[18]。これによれば，さまざまな理由により，かなり頻繁に設計変更が生じていることがわかる。

2. 設計のプロセス

意匠 CAD データがある段階でのアンケート

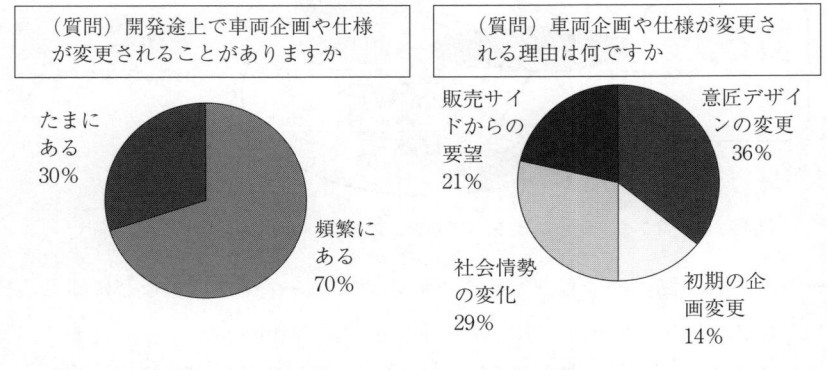

（質問）開発途上で車両企画や仕様が変更されることがありますか

- たまにある 30%
- 頻繁にある 70%

（質問）車両企画や仕様が変更される理由は何ですか

- 販売サイドからの要望 21%
- 意匠デザインの変更 36%
- 社会情勢の変化 29%
- 初期の企画変更 14%

初期設計段階における車体構造設計技術の現状と課題に関するアンケート結果
（主要自動車メーカー 12 社）

図 2.41 自動車開発プロセスにおける設計変更の発生状況

　不確実性が存在する設計段階で後工程の内容を検討することや，設計プロセスにおいて設計変更も発生することは，それが検討できるという意味ではコンカレントエンジニアリングの利点であるが，逆に短所にもなりうる。すなわち，一部の設計変更が同じ設計情報を共有している複数の部署に相互に影響を与え，二次的，三次的な玉突き的設計変更を生じさせ，場合によっては関連性能設計をやり直す必要がある。その程度によっては開発期間および費用などを増大させるリスクがあるのが現実であるといわれている。特にさまざまな設計がポイント値で実施されている現状では，初期設計段階に特有の種々の不確実性やさまざまな設計変更を反映できないので，設計変更の影響は大きい。

　こうしたコンカレントエンジニアリングは，そのリスクを負いながらも，製品開発のコストの低減化と期間の短縮を目的として，多くの産業で適用されつつある。

3 材料の選択

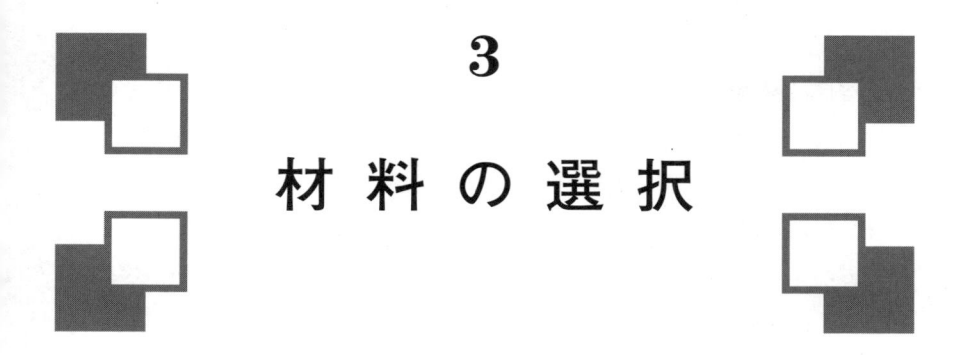

3.1 設計と材料

詳細設計の内容の一つとして部品や部材の材質の決定がある（2.5.2項「設計対象の性能実現と構造化」）。性能を実現するためには適切な材質を選定しなければならない。同じ材料でもさまざまな特性の材料があるので，材質（本書では材質とその特性を含めて材料という）まで考慮した材料の選定が重要である。すなわち，**材料の選定**の問題は設計の問題である。

私たちの身の回りにはさまざまな製品があふれている。携帯電話機，パソコン，掃除機，洗濯機などの家庭用電気製品，自動車，電車，航空機，スペースシャトル（宇宙往還機）など輸送機械，工作機械や組立機械など工場で稼動する産業機械，クレーンや油圧ショベルなどの建設土木機械，エレベータやエスカレータなどの建物設備，駅での発券機や改札機，銀行の現金自動預け払い機（automatic teller machine，ATM）など，情報読み取りや認証にかかわる機械，鉄道，自動車用の橋や電波塔などの構造など，すべての装置，構造，機械は何らかの材料からできているが，その材料の選定には経済性も含めて理由，根拠がある。

3.1.1 設計性能と材料性能

例えば，工作物を精度よく加工するために，工作機械は変形しにくい，剛性の高い材料が求められ，鋼が用いられことがほとんどである。また構造の形態

的にも剛性を上げているので，選定材料の**加工性**も要求されている。

　航空機は**軽量化**が重要特性であるが，その一例として，最新のボーイング787では，主要構造部分の約50％は炭素繊維を中心とする複合材料で製作されている。

　軽量化は自動車でも重要な要素である。**図3.1**は同じクラスのトヨタ車に関してハイブリッド車とガソリン車のCO_2排出量を比較したものである[1]。CO_2排出量は走行時がかなり大きく，ガソリン車では75％を占めている。エンジンのハイブリッド化がなされるとそれが大きく減るが，素材製造時のCO_2排出が相対的に大きくなり，素材製造の重要性が高いことがわかる。さらに**図3.2**は車両重量とCO_2の排出量の関係を示している[2]。車両重量が大きくなるとCO_2排出量も増加するので，軽量化が重要な課題になっていて，走行時のCO_2排出の大きな因子になっていることがわかる。

　一方，一つの製品であってもさまざまな材料が使用されている。**図3.3**は小型乗用車に使用されている材料の種類と重量％を示している。また同じ鋼材であってもさまざまな種類があるが，**図3.4**は小型乗用車に使用されている鋼材の種類と重量％の例を示している。図中のMPaの数字は引張強度を意味しているが，通常490 MPa程度以上のものは高張力鋼といわれている。また図3.4を見ると，圧延方法と表面処理についても，冷間圧延材にメッキ処理を施したものが約半数であることがわかる。つまり小型乗用車でも適切な材質をもった材料が適切な部位に使用されていることがわかり，こうした材料の決定

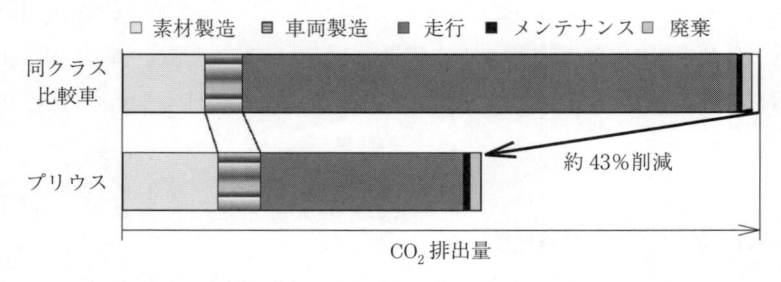

図3.1 自動車のハイブリッド化によるCO_2排出量の状態[1]

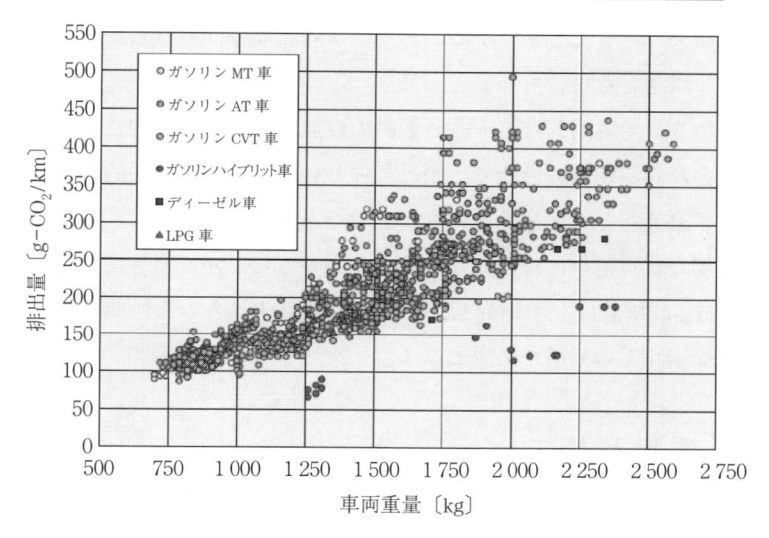

図3.2 乗用車の車両重量別 CO_2 排出量（10・15 モード）[2]

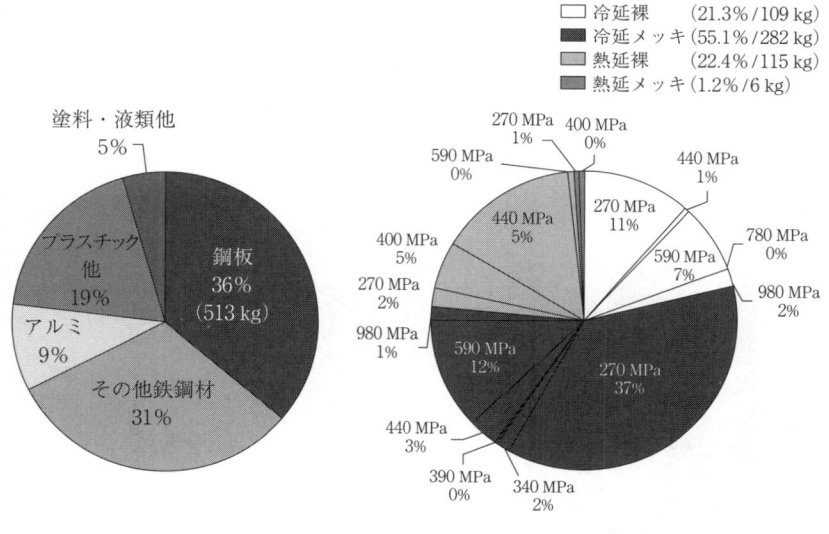

図3.3 車両の材料別製品重量比率

図3.4 使用鋼板の鋼種・メッキ・強度別製品重量比率

が設計の結果であることがわかる。あるいは新たな特性の材料が開発され、それを設計に採用した場合もある。

また、第2章で説明したように、製品の性能は本来の機能的性能に加えて、多目的といわれる種々の性能や、制約条件といわれる必要条件的性能もある。例えば、本来性能として静的高強度が必要であるとした場合に、疲労寿命が低ければ適切な材料選択にはならない場合もある。したがって適切な材料選択では、2.5節「詳細設計」で紹介したように、注目すべき本来性能のみならず、さまざまな観点での検討が必要となる。

3.1.2 設計と加工

詳細設計で検討する別の内容は形状の決定である。形状は形を設計した結果であるが、その形状に加工できることが前提である。逆に加工技術の進展により実現できる形状の可能性が広がれば、設計の自由度も増加することになる。加工技術の基本については第7章で説明する。

設計と加工の例として、図3.5に新幹線（N700系）の車両構造として取り入れられたダブルスキン構造（大型の中空形の押出し材）を示す[3]。図3.6にはアルミ押出し型材構造を示す[4]。外板とトラスのような骨組みを一体化した構造で、これをアルミニウム合金の押出しで1回で成型する構造である。剛性

図3.5 新幹線車両のダブルスキン構造[3]

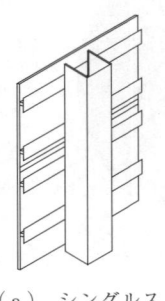

図3.6 アルミ押出し型材構造[4]

(a) シングルスキン構造　(b) ダブルスキン構造

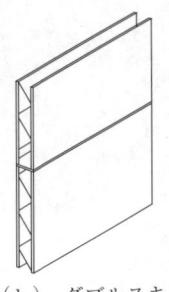

は向上し，製造工程が簡略化でき，製造コストも削減可能となったこと，梁や柱などの骨組み材が不要となり，室内への突起がなくなり，室内が広くとれること，内外板の間に制振材が挿入できるので，車内の静粛性が向上すること，しかし，車両としての外板が内外の2層になるので，シングルスキン構造〔図(a)〕より重量は重くなったことなどである。性能の程度を別にして，構造の形を実現する加工としては，シングルスキンでも可能である。シングルスキンの場合は，梁や柱を溶接で導入していた。しかし，シングルスキン構造よりダブルスキン構造はより多くのメリットが得られ，トータルメリットとしては優れているとして新幹線N700系などでは採用されている。いずれにしても，構造設計と材料加工の組合せの結果もたらされたものである。

また，車の衝突安全性設計が国のレギュレーションとしても規定されている。これは，仮に車が衝突した場合であっても，乗員の生命を守るために衝突時のエネルギーを車体の材料と構造で吸収して，乗員への影響を減らすための技術の規定である。正面衝突の場合とオフセット衝突（全面ではない，片当たり的衝突）の場合では，衝突時の衝突エネルギーの吸収のさせ方が異なる。前者は，衝突時の発生加速度を下げるために，変形を起こさせる構造も考える。後者は，衝突による変形を抑制することを基本とする。この場合も材料とその加工（構造化）は設計の結果である。

3.1.3　設計とリサイクルなど

設計とリサイクルなどについては，2.5.5項「制約条件」の〔3〕「環境負荷対応と設計」としても説明しているが，ここでは材料選択の観点から説明する。製品が廃棄段階を迎えたときに製品あるいはその構成部材を単に廃棄することは，CO_2などの環境汚染あるいは資源枯渇の課題もあって許されなくなっている。材料の選択にあたっては，これらに十分対処した選択が必要となる。
図3.7は**埋蔵資源量**の有限性の状況を示した図である[5]。図の埋蔵量とは，技術的に採掘可能であって，経済的に見合う採掘が可能な資源量のことをいう。多くの工業材料の資源が有限であることがわかる。

3. 材料の選択

2050年には現有埋蔵量の数倍の金属資源が必要になる。

2050年に現有埋蔵量をほぼ使い切るもの：	Fe, Mo, W, Co, Pt, Pd
2050年までに現有埋蔵量の倍以上の使用料となるもの：	Ni, Mn, Li, In, Ga
2050年までに埋蔵量ベースをも超えるもの：	Cu, Pb, Zn, Au, Ag, Sn

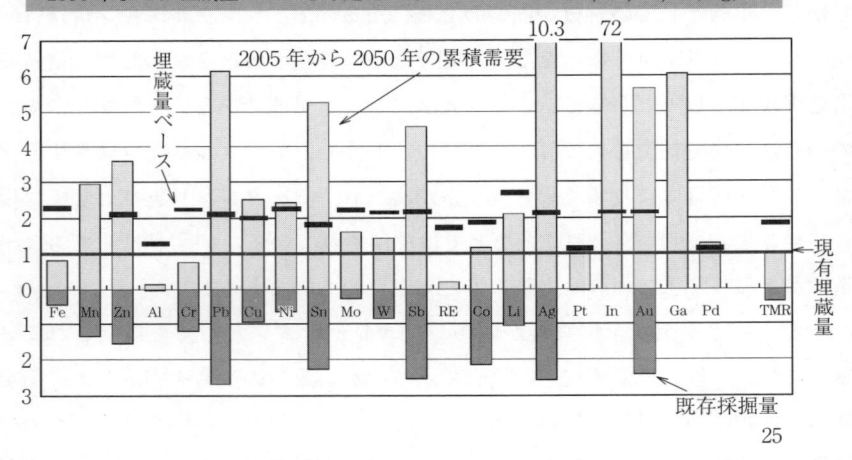

図3.7 埋蔵資源量の有限性の状況[5]（現有埋蔵量に対する2050年までの累積需要量）

資源の有限性に対処するために，設計としては3R〔reduce（リデュース）：資源をなるべく使用しない，recycle（リサイクル）：使用した資源は再利用する，reuse（リユース）：使用した部品なども再利用する〕が推奨されている。これらの3Rを実現できるように設計をしておくことが大事である。

リデュースには，類似機能の共有化（例えば，洗濯機と乾燥機の場合はモータ，洗濯槽と乾燥ドラムなど），構造の容積の減少化，部品などの長寿命化，アップグレード化などがある。

リユースは，回収製品からの部品やユニットの再利用のことである。再利用には自製品の新製品のパーツとしての再利用，保守部品としての再利用，別製品での再利用などがある。いずれの場合も再利用品の品質保証が必要である。

リサイクルは，回収した製品からの材料を再び製品の材料として使用することである（マテリアルリサイクルという）。特に回収した材料を同一の品質に再生し，同一製品で利用するリサイクルをクローズドリサイクルという（例え

ば，アルミニウム缶からアルミニウム缶へ）。低い性能で再生する場合をカスケードリサイクルという。紙製品（新聞，雑誌など）もカスケードリサイクルになる場合も多い。また樹脂材料の場合，その化学的性質を利用して化学原料として再利用することも行われていて，これをケミカルリサイクルという。例えば，ペットボトルからポリエステルモノマーを再生産するリサイクルである。さらに可燃性廃棄物の燃焼により回収した熱エネルギーを利用するリサイクルもあり，これはサーマルリサイクルといわれている。

他方，地球温暖化にも関係し，製品の材料準備から廃棄に至る一生涯（ライフサイクル）のすべての段階（資源調達，材料製造，製品製造，輸送，消費，廃棄あるいは多くの場面での電力や燃料の使用なども含めて）における CO_2 などの排出量を評価する LCA が実施されることも増えている。**図 3.8** は従来型ガソリン車とハイブリッド車における LCA 分析結果の比較を示している[6]。排出量を示すために，CO_2 は左側の縦軸（ガソリン車を 1 000），それ以外の排出物は右側の縦軸（ガソリン車の SO_x を 1）にそれぞれの排出量の相対量を示す。廃棄の部分は図中の棒グラフの最上の線の太さ程度のようである。図よ

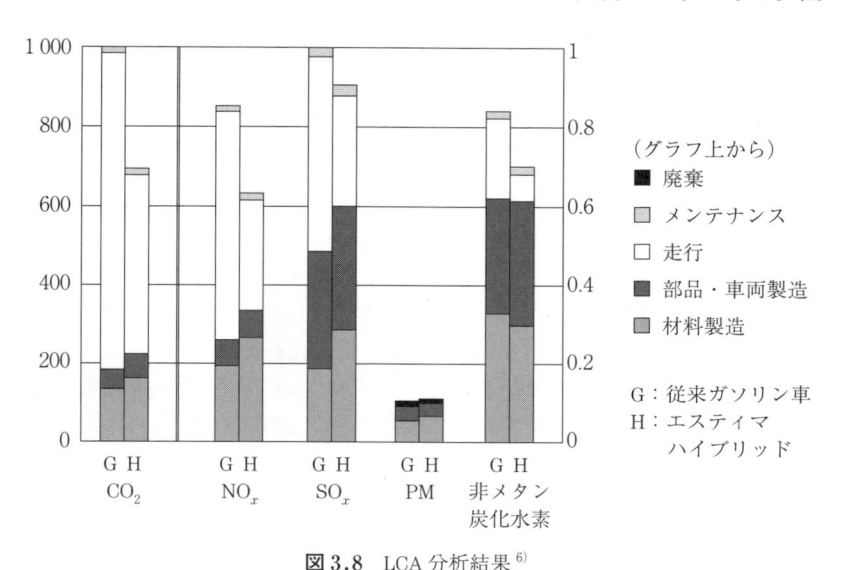

図 3.8 LCA 分析結果[6]

り，いずれの場合も走行時の排出量が大きいことを示していて，設計上の考慮として車体の軽量化が重要であることがわかる。

3R の推進や LCA の低評価化などのためには，製品設計における同種材料の選択，再利用性の高い材料の選択，ユニット化の推進，分解性の容易化など設計上の工夫が必要である。3R や LCA は，地球温暖化や資源の有限性の課題に直面しつつある現代においては，そのための設計の推進も含めて材料選択に際し，重要な要素であり，今後いっそう考慮すべきことになるであろう。

コーヒーブレイク ⑤

3R ＋もう一つの R ＝ 4R

第 2 章でも触れたが，環境負荷低減設計のための考え方として，3R（reduce：生産量の削減，reuse：部品，ユニット，製品の再利用，recycle：材料の再利用）がある。地球資源の有限性や地球の温暖化阻止と社会の発展をバランスよく継続するためには，人間のさまざまな活動について循環型社会形成の考え方に基づくことが必要とされている。

国連の関係機関である World Commission on Environment and Development は，1987 年にすでに "Our Common Future" というアピールを出し，そこで持続型発展開発の定義を与えている。すなわち，将来の人類世代の必要性を損なうことのないように，現在世代の必要性を現実化することである，としている。また一般に，持続的発展は自然，人間社会，経済発展がバランスして初めて実現可能であるともいわれる。

おもにヨーロッパでは，3R に加えてもう一つの R として return を重要視している。つまり自然に帰すことができる以上には自然から取らない，という考えである。

人間の社会は自然から多くの資源などを得て成立しているので，そこからの廃棄物なども自然に帰すことが求められている。化石資源も，もともとは地下にあったものであるが，掘り出してプラスチックにすれば，その廃棄物は腐らず，自然に帰らない。これまでのプラスチックに代えて生分解性プラスチックにすれば，微生物などによって分解し，最終的に水と CO_2 になる。スウェーデンではコンポストを使って家庭から出るごみを肥料化することが盛んである。

こうした自然に帰すことのできる人工物を使おうというのが return であり，これが真の意味での循環型社会という理念である。

3.2 材料の選択指針

3.2.1 機械的性質

　材料の選択指針は，基本的には① 材料の有する**機械的性質**，② **加工性**（このうちの一部の性質は機械的性質に関係する），③ **リサイクル性**，④ **コスト**であろう。従来は③が指針になることは少なかったが，今後は重要な指針の一つになるであろう。ここでは，①については，JISで規定されている性質とその試験方法について説明する。②の加工性については第7章で説明する。③のリサイクル性については，例えばアルミニウムの缶から缶へのクローズドリサイクルや，ある種の熱可塑性樹脂のリサイクルにおける品質低下の少なさなどが事実上認められているが，その内容は，①の機械的性質などがリサイクルによっても低下しないことを評価基準と考えていることが多い。また，リサイクル性の定義と試験法は一般的には個別材料種類ごとの評価であり，現状の規格化も同様である。

　④のコストについては，材料によっては，例えば鉄鋼のもとである鉄鉱石では，2008年9月のリーマンショック（投資銀行リーマン・ブラザーズの破綻による世界金融危機）などによる大きな変動もあるが，経済発展の著しい新興発展諸国（BRICS〔Brazil（ブラジル），Russia（ロシア），India（インド），China（中国），South Africa（南アフリカ共和国）〕など）の需要の急速な進展により，その価格は基本的には上昇傾向にある（**図3.9**）[7]。今後の世界の粗鋼生産量も需要が大きく増加していくことが予測されている（**図3.10**）[8),9)]。他の工業材料も同様な傾向にある。このように特に資源の少なく，輸入に頼る日本としては価格の世界的変動は設計における材料選択に確実に影響を与える因子であろう。このような意味もあって，2.5.5項「制約条件」の〔3〕「環境負荷対応と設計」，あるいは3.1.3項「設計とリサイクルなど」で説明した3R（リデュース，リサイクル，リユース）が重要である，という指摘もなされている。

80　　3. 材 料 の 選 択

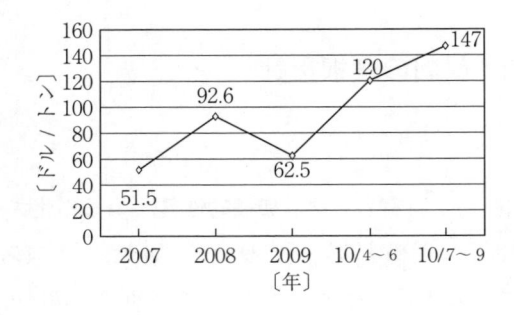

図 3.9 日本向け鉄鉱石の価格推移[7]

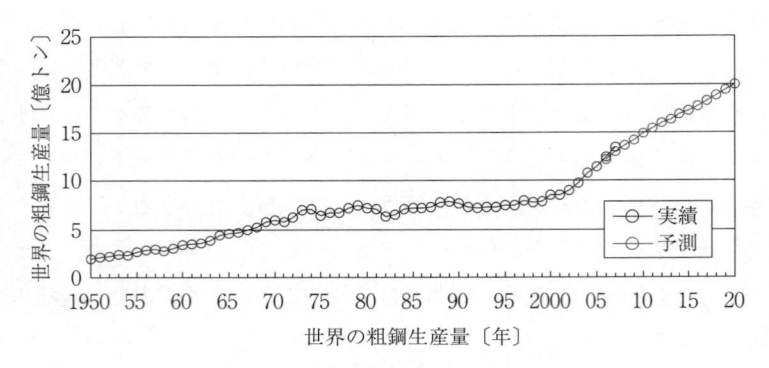

図 3.10 世界粗鋼生産量の推移[8),9)]

　さて，材料選択の一般的指針としての材料の有する機械的性質について（前ページの①）JIS に基づいて説明する。JIS のように規格化する目的は，材料の標準化と材料品質の確保のためであり，材料に対して設計者，製造者，使用者が共通の理解を得るためである。JIS で規定されている機械的性質の種類としては，**表 3.1** に示すように，強度（降伏点応力，引張強さなど），弾性（ヤング率など），塑性（加工硬化指数，塑性ひずみなど），硬さ（ビッカース硬度など），靭性（エネルギー吸収性），疲労など多くの性質があり，それらの特性を得るための試験法が規定されている。表の右欄は対応する JIS 規格の番号を示している。当然，製品に使用される工業材料の種類も多様であり，材料によっては，機械的性質だけでなく，さまざまな性質が設計上指定され，製造上利用される。例示すれば，プラスチックの熱特性（比熱，線膨張率，熱伝導

表3.1 機械的性質の特性を得るための試験法とJIS番号

試験法	JIS 番号	試験法	JIS 番号
薄板金属材料の加工硬化指数試験方法	Z 2253	引張試験機	B 7721
薄板金属材料の塑性ひずみ比較方法	Z 2254	金属材料の回転曲げ疲れ試験方法	Z 2274
金属材料-平面ひずみ破壊靭性試験方法	G 0564	金属材料のシャルピー衝撃試験方法	Z 2242
金属材料のヤング率	Z 2280	金属材料曲げ試験方法	Z 2248
金属材料引張試験方法	Z 2241	セラミックスの室温の弾性定数	R 1602
金属材料引張試験片	Z 2201		

率), ゴム材の耐屈曲性, 加工性, 耐炎性, 機密性など, 耐火物・断熱材の耐火度, 圧縮強さ, 荷重軟化, 熱膨張, ファインセラミックスの電気・電子的機能 (絶縁性, 誘電性など), 力学的機能 (耐摩耗性, 切削性など), 熱的機能 (耐熱性, 断熱性など) などがある。

機械的性質の用いられ方の例としては, 鋼などの素材から圧延して板材などを製造する際の圧延ロールの品質管理に硬さが用いられている。乗用車などの衝突安全性の確保のために, 車体構造の素材の塑性変形性も利用されている。

3.2.2 金属材料の引張試験と規格

本書の目的は, 材料の特質を網羅的に紹介することではなく, 設計時にJISとして規格化されている材料の種類, 特質, 試験法について参考にできるように, その引用の例をあげることである。材料の機械的性質を求める基本的な試験法には引張試験, 圧縮試験, 曲げ試験, ねじり試験, 疲労試験, クリープ試験, 硬さ試験などがあるが, ここでは代表例として最も一般的な引張試験 (金属材料に関する) について示す。3.3節では, 規格化されている基本的材料について説明する。

金属材料の**引張試験**は, 規格化された試験片に引張荷重を負荷し, 種々の機械的性質を得るための試験である。**表3.2**には試験片の分類を示す (JIS Z 2201)。形状的には板状, 棒状, 管状, 円弧状, 線状の5種類がある。それぞれについて標準試験片があり, 番号で区別をしている。表3.2で試験片に付い

3. 材料の選択

表3.2 引張試験片の分類

試験片の形状	板状試験片	棒状試験片	管状試験片	円弧状試験片	線状試験片
比例試験片	14B号	2号, 14A号	14C号	14B号	
定形試験片	1A号, 1B号, 5号, 13A号, 13B号	4号, 10号, 8A号, 8B号, 8C号, 8D号	11号	12A号, 12B号, 12C号	9A号, 9B号

ている番号は試験片の形状の違いを表している．また，試験片寸法が決まっている定形試験片とそれを比例的に変化させた比例試験片がある．比例試験片に一定の比例条件がある場合はこれも規定中に記されている．いずれの試験片を用いるかはそれぞれの材料規格の指定によるが，使用区分（**表3.3**）によることが望ましいとされている．おもに板厚の違いによって使用区分がなされてい

表3.3 引張試験片の使用区分

区分	材料 寸法	試験片 比例	試験片 定形	備考
板・平・形・帯	板厚 40 mm を超えるもの	14A号 14B号	4号, 10号 —	棒状試験片採取の場合 板状試験片採取の場合
	板厚 20 mm を超え 40 mm 以下	14A号 14B号	4号, 10号 1A号	棒状試験片採取の場合 板状試験片採取の場合
	板厚 6 mm を超え 20 mm 以下	14B号	1A号, 5号	板状試験片採取の場合
	板厚 3 mm を超え 6 mm 以下		5号, 13A号, 13B号	
	板厚 3 mm 以下	—		
棒	—	2号, 14A号	4号, 10号	—
線			9A号, 9B号	

表3.4 1号試験片 〔単位：mm〕

試験片の区別	幅 W	標点距離 L	平行部の長さ P	肩部の半径 R	厚さ T
1A	40	200	約 220	25 以上	もとの厚さのまま
1B	25	200	約 220	25 以上	もとの厚さのまま

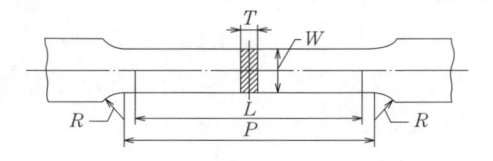

3.2 材料の選択指針

る。一例として1号試験片を**表3.4**に示す。標点距離（試験片の伸び変形の基準となる長さ，伸び計を取り付ける位置に対応），平行部の長さ，平行部と両端の試験機によるつかみ部との間の肩部の半径，板厚が規定されている。

これらの試験片に荷重を負荷する（**試験方法**：JIS Z 2201）と**荷重-伸び線図**が得られる。この線図に関していくつかの**機械的性質**が定義されている。図3.11に典型的な荷重（応力）-伸び（ひずみ）線図を示す。図中の［A］は降伏現象を示す材料（鋼の一部），［B］は示さない材料の線図である。ここで紹介する機械的性質は**伸び**，**引張強さ**，**降伏応力**，**耐力**，**絞り**である。

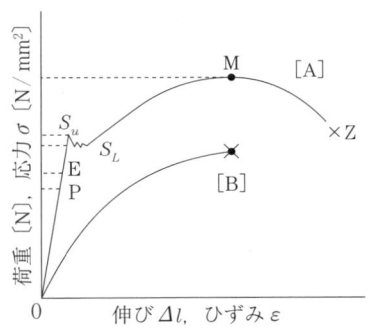

［A］：降伏現象を示す材料
［B］：降伏現象を示さい材料
P ：比例限
E ：弾性限
S_u ：上降伏点
S_L ：下降伏点
M ：最大荷重点
Z ：破断点

図3.11 荷重（応力）-伸び（ひずみ）線図

横軸の伸びは，試験中の任意の時点における原標点距離の増分である。標点距離は試験中につねに伸びを測定するために規定される各試験片の長さで，原標点距離は力をかける前の標点距離長さである。表3.4の1号試験片では200 mmの部分である。伸びは長さの単位〔mm〕あるいは原標点距離に対する百分率で示す。また，規定応力を除去した後の試験片の原標点距離の増分で，原標点距離に対する伸びを百分率で示した伸びを**永久伸び**という。

試験中に発生した断面積の最大変化量で，原断面積に対する百分率で表した値を**絞り**という。

つぎは縦軸の応力に関係した機械的性質である。引張強さ σ_B は試験中に耐えた最大の力を試験片の原断面積で除した応力である〔式 (3.1)〕。

$$\sigma_B = \frac{F_{\max}}{A_0} \tag{3.1}$$

ここで，σ_B：引張強さ〔N/mm^2〕，$F_{\max}$：最大引張力〔N〕，A_0：原断面積〔mm^2〕である。

金属材料が降伏現象（図3.11）を起こす場合は，**降伏応力**が定義されている。降伏応力は試験中に力の増加がないにもかかわらず，塑性変形が生じる応力（実際にはこの期間の応力は最初に明確な減少を示し，その後わずかながら変動し，平均値としては一定的である応力（降伏中の応力））をいう。これには上降伏応力（試験片平行部が降伏し始める以前の最大力 F_{SU} を原断面積 A_0 で除した応力）と下降伏応力（降伏中の最小の応力値）があり，それぞれ式（3.2）で求めることになる。

$$\left.\begin{array}{l} 上降伏点の場合 \quad \sigma_{SU} = \dfrac{F_{SU}}{A_0} \\[2mm] 下降伏点の場合 \quad \sigma_{SL} = \dfrac{F_{SL}}{A_0} \end{array}\right\} \tag{3.2}$$

ここで，σ_{SU}：上降伏点〔N/mm^2〕，σ_{SL}：下降伏点〔N/mm^2〕，F_{SU}：最大力〔N〕，F_{SL}：最小の力〔N〕，A_0：原断面積〔mm^2〕である。なお，σ_{SU} および σ_{SL} は，紛らわしくない場合には σ_S でよい。

耐力は，伸びが一定の定義に基づく値に等しくなったときの応力をいう。この場合の伸びの定義には3種類〔オフセット法，永久伸び法，全伸び法（JIS Z 2241 参照）〕あるが，ここではオフセット法について説明する（**図3.12**）。これは力と伸びが非比例状態にあり，そのときの永久伸びが規定値に等しくなるときの応力をいう。使用される記号 ε には規定値を示す添え字が付けられる〔式（3.3）〕。例えば，永久伸びが $\varepsilon = 0.2\,\%$ のときは式（3.4）になる。

$$\sigma_\varepsilon = \frac{F_\varepsilon}{A_0} \tag{3.3}$$

ここで，σ_ε：オフセット法で算出した耐力〔N/mm^2〕，F_ε：伸び計を用いて力と伸びた量との関係線図を求め，規定の永久伸び ε〔％〕に相当する伸び軸上

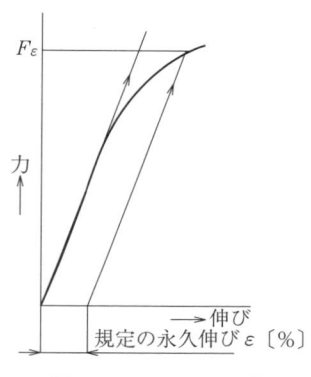

図 3.12　オフセット法

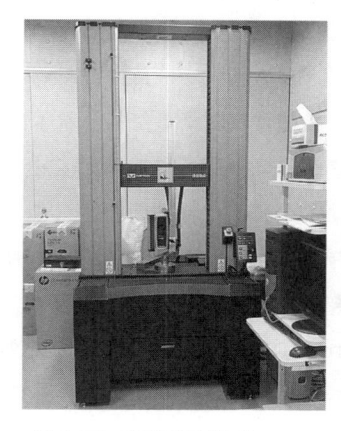

図 3.13　万能試験機（Instron社製電気機械式万能試験機，5882 型）

の点から試験初期の直線部分に平行線を引き，それが線図と交わる点の示す力〔N〕，A_0：原断面積〔mm^2〕である。

$$\sigma_{0.2} = \frac{F_{0.2}}{A_0} \tag{3.4}$$

引張試験機については JIS B 7721 に規定されていて，試験機としての等級が1等級以上であることが求められている。専用の試験機も製造されているが，引張り，圧縮，曲げの試験を共通に行うことができる**万能試験機**も普及している（**図 3.13**）。

3.3　基 本 的 材 料

本章の冒頭に説明したように，材料の特性に注目したものが材質であり，その材質の利用を前提にして設計は行われる。したがって，ここでは材料の分類についてまず説明するが，それは物質の特性，あるいは設計の立場からの分類となる。この観点から材料を分類すると，つぎの①，②のとおりである。

① **構造材料**：機械製品，構造物の骨格や躯体などの構造として自重や荷重

を担って形状を維持するために，剛性や強度あるいはこれらに関連した振動などの特性が期待されている材料である。

② **機能性材料**：電気的，電子的，磁気的，光学的，化学的特性など，従来の材料にはない特有の性質を有する材料である。JIS では機能性材料に属する金属系材料の用語として，形状記憶合金（JIS H 7001），防振材料（JIS H 7002），水素貯蔵合金（JIS H 7003），アモルファス金属（JIS H 7004），超電導材料（JIS H 7005）が規定されている。

これらに加えて，最近は高耐熱性，高耐食性，生体適合性などの機能性をもちつつ，構造材料としての強度や剛性も発揮する高機能性構造材料も開発，利用されている。

本書では，機械，機器などの設計の観点として，主要な構造材料の紹介とそれらの JIS での位置付け，JIS からの引用の仕方を中心に説明する。機能性材料については触れない。構造材料の分類としては，金属材料と非金属材料があるので，それらに分けて説明する。

3.3.1 金属材料

金属材料のなかで最も利用されているのが，鉄に炭素を含む合金である鉄鋼（単に鋼ともいう）である。この鉄鋼材料に加えて，アルミニウム合金，銅合金，ニッケル合金などの材料が金属材料にはある。それぞれは成分の違いなどによりさらに細かく材質が規定されていて，その材質ごとにも機械的性質も異なってくる。まず参考のために主要な金属材料の JIS の番号を**表 3.5** に示す。規格内容の詳細については，JIS 番号から調べることが可能である。

以下では設計の立場から，JIS に規定されている代表的な鉄鋼およびアルミニウム合金について，規定上の呼び方（記号），化学成分の特長，機械的性質などについて示す。一般に JIS では，機械的性質としては引張強さ σ_B などの値が示されることが多い。3.2 節では，機械的性質として引張強さ以外に降伏応力，降伏現象を示さない材料については耐力（本書ではオフセット法耐力を紹介）について説明した。強度設計としては，強度内容に応じてこれらのいず

表3.5　主要な金属材料とJIS

おもな金属材料	JIS	おもな金属材料	JIS
一般構造用鋼	G 3101	炭素鋼鍛鋼品	G 3201
機械構造用炭素鋼	G 4051	ねずみ鋳鉄	G 5501
機械構造用合金鋼	G 4053	球状黒鉛鋳鉄	G 5502
ステンレス鋼棒	G 4303	オーステンパ球状黒鉛鋳鉄	G 5503
熱間圧延ステンレス鋼板および鋼帯	G 4304	炭素鋼鋳鋼品	G 5101
炭素工具鋼	G 4401	溶接構造用鋳鋼品	G 5102
合金工具鋼	G 4404	アルミニウムおよびアルミニウム合金の板および条	H 4000
高速度工具鋼	G 4403	アルミニウムおよびアルミニウム合金の棒および線	H 4040
ばね鋼	G 4801	ニッケルおよびニッケル合金板および条	H 4551
軸受鋼	G 4805	ニッケルおよびニッケル合金棒	H 4553
快削鋼	G 4804	銅および銅合金の板ならびに条	H 3100
ステンレスクラッド鋼	G 3601		

れかを基準にし，安全率も考慮してそれを下回る値を設計応力として設定することになる．

3.3.2　鉄鋼材料

表3.6は**一般構造用鋼**（JIS G 3101）を示していて，記号としてはSSの後に引張強さのおおむねのレベル値を付けて表している．例えば，SS300は引張強さが330〜430 MPaの範囲にあり，そのレベルは300 MPa台であることを示している．この材料には鋼板，鋼帯，形鋼，平鋼，棒鋼がある．

表3.7は**機械構造用炭素鋼**（JIS G 4051）を示していて，記号としてはSと

表3.6　一般構造用鋼（JIS G 3101）

記号	化学成分（mass%）			機械的性質		
	C	Ma	P, S	耐力〔MPa〕	引張強さ〔MPa〕	伸び〔%〕
SS300	—	—	< 0.05	> 195	330〜430	> 26
SS400	—	—		> 235	400〜510	> 21
SS490	—	—		> 275	490〜610	> 19
SS540	< 0.30	< 1.60	< 0.04	> 390	> 540	> 17

表 3.7 機械構造用炭素鋼 (JIS G 4051)

記号	化学成分 C	熱処理	降伏応用 〔MPa〕	引張強さ 〔MPa〕	伸び 〔%〕
S10C	0.08 〜 0.13	N	＞205	＞310	＞33
S15C	0.13 〜 0.18	N	＞235	＞370	＞30
S20C	0.18 〜 0.23	N	＞245	＞400	＞28
S25C	0.22 〜 0.28	N	＞265	＞440	＞27
S30C	0.27 〜 0.33	N H	＞285 ＞335	＞470 ＞540	＞25 ＞23
S35C	0.32 〜 0.38	N H	＞305 ＞390	＞510 ＞570	＞23 ＞22
S40C	0.37 〜 0.43	N H	＞325 ＞440	＞540 ＞610	＞22 ＞20
S45C	0.42 〜 0.48	N H	＞345 ＞490	＞570 ＞690	＞20 ＞17
S50C	0.47 〜 0.53	N H	＞365 ＞540	＞610 ＞740	＞18 ＞15
S55C	0.52 〜 0.58	N H	＞390 ＞590	＞650 ＞780	＞15 ＞14
S58C	0.55 〜 0.61	N H	＞390 ＞590	＞650 ＞780	＞15 ＞14

N：焼ならし，H：焼入れ，焼戻し

Cの文字の間に炭素含有量に対応した数値（含有量の範囲の中間値）を入れて表している。例えば，S20Cは炭素含有量が 0.18 〜 0.23 ％であることを示している。また熱処理の方法によっても機械的性質は異なってくる。引張強さは S10C で 310 MPa 程度，S50C の焼入れ，焼戻し材で 740 MPa 程度である。

3.3.3 アルミニウム材料

一方，アルミニウムは一般的特性として，軽量性，合金化による強度増加性，耐食性，加工容易性，鋳造性，電気伝導性，熱伝導性など長所となるべき点がある。本書では，設計時にアルミニウムの使用を想定する場合に必要となるアルミニウムの種類とその表現方法（記号）を中心に説明する。

アルミニウムは実際上**アルミニウム合金**として用いることが多く，これには

3.3 基本的材料

表3.8 アルミニウム合金の種類

展 伸 用		鋳 物 用	
純アルミニウム（1000系）	非熱処理	Al-Si系	非熱処理
Al-Cu合金（2000系）	熱処理	Al-Mg系	非熱処理
Al-Mn合金（3000系）	非熱処理	Al-Cu系	熱処理
Al-Si合金（4000系）	非熱処理	Al-Si-Cu系	熱処理
Al-Mg合金（5000系）	非熱処理	Al-Si-Mg系	熱処理
Al-Mg-Si合金（6000系）	熱処理		
Al-Zn-Mg合金（7000系）	熱処理		

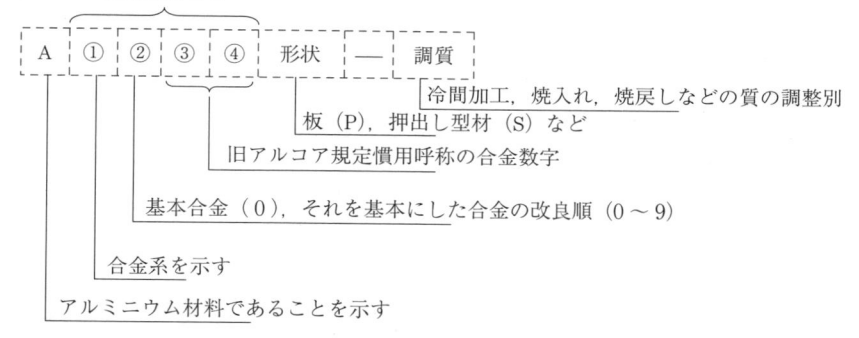

```
合金種別番号
 ┌──┴──┐
A ① ② ③ ④ 形状 ── 調質
                    │
          冷間加工，焼入れ，焼戻しなどの質の調整別
          板（P），押出し型材（S）など
      旧アルコア規定慣用呼称の合金数字
    基本合金（0），それを基本にした合金の改良順（0～9）
  合金系を示す
アルミニウム材料であることを示す
```

図3.14 アルミニウム合金展伸材の種類を示す記号

大別すると展伸用と鋳物用があるが，これらには加工や鋳物の状態のままの合金と時効効果のためなどの熱処理を行って得る合金も含まれる（表3.8）。

アルミニウム合金展伸材の種類を示す記号は**図3.14**のようにJISで規定されている。

①の番号は合金系を示すが，例えばこの数字が2であれば，表3.8の2000系であることを示す。②は制定された改良順位を，③，④は等級または旧アルコア規格での合金呼称を意味している。形状欄には製品形状や製造条件に従って与えられた記号（**表3.9**）を付ける。調質というのは，アルミニウム合金の性質を冷間加工や熱処理（焼入れ，焼戻しなど）によって調整することをいう。表3.8で非熱処理型というのは熱処理ができない場合で，おもに冷間加工によって強度の調質をする。調質内容の基本は**表3.10**に示す4種類（F，O，

3. 材料の選択

表3.9 製品形状・製造条件

記号	内容	記号	内容	記号	内容
P	板, 条, 円板	TE	押出し継目無管	FD	型打ち鍛造品
PC	合せ板	TD	引抜き継目無管	FH	自由鍛造品
H	箔 (はく)	TW	溶接管	PB	圧延板導体
BE	押出し棒	TWA	アーク溶接管	SB	押出し板導体
BD	引抜き棒	S	押出し型材	TB	管導体
W	引抜き線				

表3.10 調質に関する基本記号

記号	意　味
F	加工硬化または熱処理について特に調質の指定がなく製造されたもの。例えば, 押出しのまま, 鋳放しのまま。
O	焼なましによって完全に再結晶して最も軟らかい状態のもの。
H	加工硬化によって強さを増加したもの。
T	熱処理によってF, O, H以外の安定な質別にしたもの。

H, T) である。

非熱処理型合金の調質は, 例えばH32のように, 基本記号Hとその後に二つの数字を付けて表す (Hxy)。記号Hの直後の数字xは1～3の数字で表現され, 意味は**表3.11**に示すとおりである。二つ目の数字yは基本的に1～9の数字を用いて加工効果の程度を示す。

表3.11 非熱処理型合金の調質記号

記号	意　味
H1	加工硬化だけを行って所定の機械的性質を得たもの。
H2	加工硬化の後に, 熱処理によって所定の強さを得たもの。同一の強さのH1型の合金より若干伸びがある。
H3	加工硬化の後に, 低温加熱による安定化処理を行ったもの。常温で徐々に軟化するMgを含む合金に対する記号となる。

熱処理型合金の調質は, 基本記号Tに1～10の数字を付けて調質の処理法を区別している (JIS H 0001)(**表3.12**)[10]。

アルミ合金鋳物材の場合はAC1A, AC2Bなどの記号で表される。最初のA

3.3 基本的材料

表3.12 熱処理型合金の調質の記号[10]

記号	意味
T1	高温加工から冷却後に自然時効させたもの.
T2	高温加工から冷却後に冷間加工を行い,さらに自然時効させたもの.
T3	溶体化処理後に冷間加工を行い,さらに自然時効させたもの.
T4	溶体化処理後に自然時効させたもの.
T5	高温加工から冷却後に人工時効硬化処理したもの.
T6	溶体化処理後に人工時効硬化処理したもの.
T7	溶体化処理後に安定化処理したもの.
T8	溶体化処理後に冷間加工を行い,さらに人工時効硬化処理したもの.
T9	溶体化処理後に人工時効硬化処理を行い,さらに冷間加工したもの.
T10	高温加工から冷却後に冷間加工を行い,さらに人工時効硬化処理したもの.

はアルミニウム,つぎのCは鋳物,そのつぎの数字は1種,2種などで添加元素の違い,最後のA,Bなどは添加元素量の違いを意味している.

展伸材の強度例として表3.13にA2017のT3材とT4材の機械的性質(引張強さ,耐力,伸び)を示す.

鋳物材の強度例として表3.14にアルミニウム合金の金型鋳物の機械的性質

表3.13 アルミニウム合金の展伸材(板,条,円板)の機械的性質(引張強さ,耐力,伸び)

記号	質別[*1]	引張試験				
		厚さ〔mm〕	引張強さ〔N/mm^2〕	耐力〔N/mm^2〕	伸び〔%〕	
					A_{50mm}[*2]	A[*2]
A2017P	T3	0.4 以上　0.5 以下	375 以上	—	12 以上	—
		0.5 を超え　1.6 以下		215 以上	15 以上	
		1.6 を超え　2.9 以下		215 以上	17 以上	
		2.9 を超え　6 以下		215 以上	15 以上	
	T4	0.4 以上　0.5 以下	355 以上	—	12 以上	—
		0.5 を超え　1.6 以下		195 以上	15 以上	
		1.6 を超え　2.9 以下		195 以上	17 以上	
		2.9 を超え　6 以下		195 以上	15 以上	

* 1：JIS H 001(アルミニウム,マグネシウムおよびそれらの合金―識別記号)による
* 2：標点距離 50 mm における伸び. A_{50mm} の規定がない場合は A で行う.
　　 $A = 5.65\sqrt{S_0}$ の標点距離における伸び (S_0：平行部の断面積)

表3.14 アルミニウム合金の金型鋳物の機械的性質

種類の記号	質別	引張試験	
		引張強さ $[N/mm^2]$	伸び〔%〕
AC2B	F	150 以上	1 以上
AC3A	F	170 以上	5 以上
AC4A	F	170 以上	3 以上

(引張強さと伸び) を示す。

3.3.4 非金属材料

機械，装置などの設計において検討されることが多い非金属材料としては，高分子材料（合成材料である**プラスチック**）と**セラミックス**が代表的である。本書では設計の観点からこれらの材料の機械的性質について説明する。

〔1〕 **高分子材料（プラスチック）** プラスチックは合成高分子の一種であり，ポリ塩化ビニール，ポリエチレン，ポリアミド，ポリカーボネート，フェノール樹脂，エポキシ樹脂など多くの種類がある。これらのプラスチックは分類として，熱硬化性樹脂と熱可塑性樹脂に分類することができる。**表3.15**に高分子材料の分類と代表例，および特長を示す。

熱硬化性樹脂は加熱すると高分子の網目構造が形成され，硬化して形状が固定化する樹脂である。硬くて熱や溶剤に強いので電気部品や家具の表面処理などに利用される。

熱可塑性樹脂は分子構造が線状構造であり，ガラス転移温度または融点まで加熱すると軟化し，形状の成型が可能となる。一般に切削や研削などの機械加工が難しく，加熱軟化性を利用した射出成型などで加工する方法が取られることが多い。表3.15に示すように汎用プラスチック，エンジニアリングプラスチック，スーパーエンジニアリングプラスチックの3種類がある。汎用プラスチックは家庭用品や電気製品のハウジング，建築資材などに，エンジニアリングプラスチックは家電製品用の歯車など強度が求められる部品などに，スーパーエンジニアリングプラスチックは高温使用性と長期使用性が特長となって

3.3 基本的材料

表3.15 高分子材料の分類と代表例，および特長

樹脂の種類	カテゴリー	代表例	特長
熱硬化性樹脂		フェノール樹脂（PF）	電気的・機械的特性が良好。耐熱性・難燃性に優れる。
		エポキシ樹脂（EP）	寸法安定性・耐水性・電気絶縁性などに優れる。接着剤として利用。
		ユリア樹脂（UF）	成型時収縮が少ない。剛性・硬度・耐熱性・電気絶縁性が良好。
		ポリウレタン（PUR）	初期の抗張力・耐摩耗性に優れる。経時劣化がある。
		熱硬化性ポリイミド（PI）	高強度・耐熱性・電気絶縁性に優れる。
		メラミン樹脂（UF）	引張強度・硬度・対衝撃性・耐水性・耐摩耗性が比較的優れる。
熱可塑性樹脂	汎用プラスチック	ポリプロプレン（PP）	再利用性・低比重・耐薬品性・耐熱性に優れる。
		ポリエチレン（PE）	耐薬性・絶縁性が高い。濡れ性は低い。
		ポリ塩化ビニール（PVC）	耐水性・耐酸性・耐アルカリ性・難燃性・電気絶縁性がよい。
		ポリテトラフルオロエチレン（PTEF）（テフロン）	耐熱性・耐薬品性に優れる。低摩擦係数。
		アクリル樹脂（PMMA）	透明性・耐候性に優れる。
	エンジニアリングプラスチック	ポリアミド（ナイロン）（PA）	吸水性・耐薬品性・強靭性・耐衝撃性・柔軟性に優れる。
		ポリカーボネート（PC）	透明性・耐衝撃性・耐熱性・難燃性に優れる。
		ポリエチレンテレフタレート（PET）	結晶性樹脂であり，比較的熱に強く，リサイクル性がよい。
		ポリブチレンテレフタレート（PBT）	熱安定性・寸法精度性・伸縮性に優れる。

表3.15 （つづき）

樹脂の種類	カテゴリー	代表例	特長
熱可塑性樹脂	スーパーエンジニアリングプラスチック	ポリフェニレンスルファイド（PPS）	耐熱性・強度・剛性・耐摩耗性・耐薬品性に優れる。
		液晶ポリマー（LCP）	弾性・剛性（異方性あり）・耐熱性・耐薬品性に優れる。
		ポリエーテルエーテルケトン（PEEK）	耐熱性・耐疲労性・耐摩耗性・寸法安定性・加工性に優れる。
		熱可塑性ポリイミド（PI）	高強度・耐熱性・電気絶縁性に優れる。

いる。しかし一般的には，プラスチックは耐熱性が弱点であるといわれている。引張強度などの機械的性質も温度依存性が大きいのが実情である。

〔2〕 セラミックス　セラミックスは金属酸化物（アルミニウム酸化物，ジルコニウム酸化物など）や無機化合物（炭化物，窒化物など）を高温で焼き固めた焼結成形体をいう。セラミックスには機械構造用セラミックスと機能性セラミックスがある。前者には古くから使用されている陶磁器，タイル，れんがなどもあるが，一般に機械的，熱的，化学的特性が重要視される。後者は電気的，磁気的，光学的性質が重要視される。さらに組成，組織，製造方法を人工的に制御して種々の機能や特性を発現したセラミックスをファインセラミックス（ニューセラミックス）といい，前述の機械構造性と機能性のそれぞれの性能・特性をもつ種々のセラミックスが開発されている。セラミックスは一般的には，① 常温で固体，② 高い硬度，③ 強度・靱性は内部欠陥に敏感，④ 高い耐熱性，⑤ 重量は金属とプラスチックスの間，のような特長がある。

表3.16[11]に各種セラミックスの機械的性質の代表的特性値を示す。

機械構造用セラミックスの代表例として，酸化物系としてはアルミナ（Al_2O_3）とジルコニア（ZrO_2），非酸化物系として炭化ケイ素（SiC）と窒化アルミニウム（AlN）がある[12]。

アルミナは化学的安定，高硬度，高融点，高剛性，軽量性，高電気絶縁性，

表3.16 セラミックスの機械的性質の代表的特性値 [11]

特性値＼材料	Si_3N_4	SiC	AlN	SiAlON	ZrO_2	ムライト	Al_2O_3
比 重	3.2	3.15	3.5	3.16	5.2	3.16（純物質）	3.98
強度〔GPa〕	1.0(RT)	1.1(RT)	0.7(RT)	0.6(RT)	1.2(RT)	0.38(RT～1 300℃)	0.5(RT)
	0.6(1 200℃)	1.1(1 400℃)	0.6(1 200℃)	0.6(1 200℃)	0.35(800℃)	0.5(HP, RT～1 200℃)	0.4(800℃)
熱伝導率〔cal/(cm s ℃)〕	0.13	0.28	0.18	0.07	0.005	—	0.08
熱膨張率〔10^{-6}/℃〕	3.0	4.8	5.7	2.8	8.0	4.5～5.0	8.1
硬さ H_V〔GPa〕	17	24	16	15	13	11	18
弾性率〔GPa〕	280	420	300	250	150	220	400
破壊靭性 K_{IC}〔MPa m$^{1/2}$〕	6	4	—	4	9	2.6	4

Si_3N_4：窒化ケイ素, SiC：炭化ケイ素, AlN：窒化アルミニウム, SiAlON：サイアロン, ZrO_2：ジルコニア, Al_2O_3：アルミナ

耐熱性などにより高温炉の耐火物などに利用されている。

　酸化物を添加して部分安定化されたジルコニア（PSZ）は，室温での強度（曲げ強度1 000 MPa 以上）や靭性が高く，金型，刃物，ベアリングなどの工業用として利用されている。

　炭化ケイ素は高温強度が高く，耐熱性，耐酸化性，耐摩耗性に優れていて，高温構造や摺動構造などに利用されている。

　窒化アルミニウムは高熱伝導率，高耐食性のセラミックスで放熱板での利用などがある。

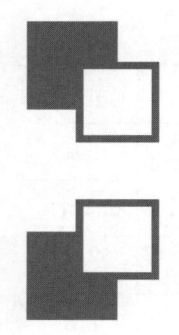

4

設計と機械要素

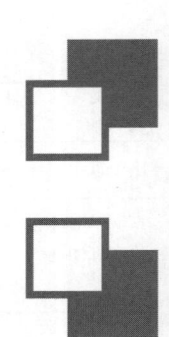

4.1 設計プロセスと機械要素

　2.3.1項「機能展開」では，設計企画において抽出された機械の目的とすべき本質的な機能を工学的，機構的な感覚・判断で細分化し，機能的な階層構造を形成することを述べた。あるいは初期設計の段階では，例えば図2.9に示したように，機能展開され細分化された機能を実現する設計解（設計解原理，メカニズム，機構など）は細分化が進むほど単純になる。さらに詳細設計段階では，これらの設計解に形状・寸法，材質などを与え，具体的機構としての形を整える。

　一方，出来上がった機械システムを全体像のレベルから順次分解していくと，最上段が機械や装置，そこから分解レベルを進めると順に，ユニット，アセンブリ，サブアセンブリとなり，最下段が部品となる。しかし最下段の部品であっても，設計者の立場によってはさらに分解が進む場合もある。図1.8に示した玉軸受け[1]は，それを機械システムのなかで使用する設計者にとっては部品であるが，玉軸受けを設計する人にとってはその構成要素である玉，外筒，保持器などが部品となる。

　いずれにしても部品自体，あるいはそれを構成する要素が**機械要素**となる。同じことはアセンブリメーカーにとってのユニットとの関係にも当てはまる。

　図4.1（a）は，3次元CADモデルの全体図である。これをユニットに分解したCADモデルが図（b）である。そのうちの**サブアセンブリ**部分をさら

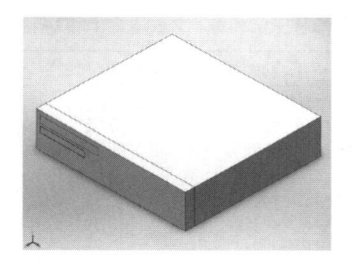

(a) 3次元 CAD モデル全体図

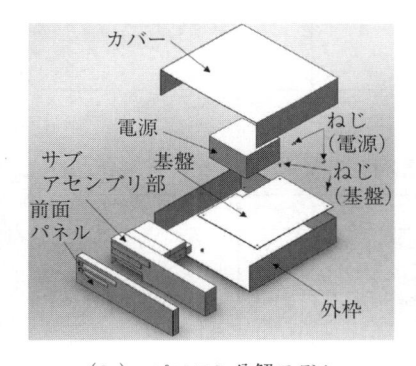

(b) パソコン分解モデル

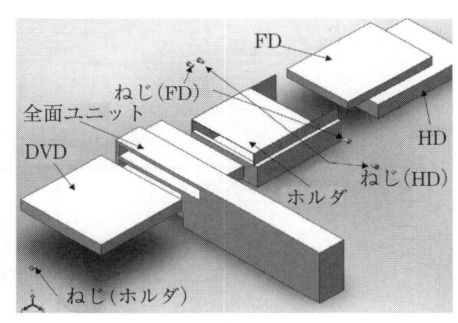

(c) サブアセンブリ分解モデル

図 4.1 パソコンの分解

にユニットの CAD モデルに分解したのが図（c）である．アセンブリメーカーにとってはそれぞれのユニットが要素となる．

『機械工学便覧』[2)] で取り上げている機械要素を**表 4.1** に示す．それぞれの内容の詳細は『便覧』を参考にしていただきたい．これらの機械要素を機能の面から整理したのが**表 4.2**[2)] である．ここには表 4.1 以外の要素も含まれているが，機能を設計する際にどのような機構要素を想定したらよいかのヒントになりうる．後述の 4.3 節において，JIS で規格化されている代表的な機械要素について，その引用，選定の仕方について説明する．

4. 設計と機械要素

表 4.1 『機械工学便覧』に掲載されている機械要素

締結要素	軸・軸受要素	伝動要素	運動変換要素	緩衝・制振要素	配管要素
ねじ キー スプライン 止め輪 ピン コッタ 溶接継手 接着継手 リベット 焼ばめ 冷やしばめ スナップ 　フィット	軸 滑り軸受け 転がり軸受け 案内 シール 軸継手	歯車 歯車伝動装置 ベルト伝動装置 チェーン伝動装置 機械式無段変速機 トラクションドライブ 　式変速機 ねじ伝動装置 クラッチ ブレーキ フライホイール	リンク機構 カム機構 間欠運動機構 不等速比歯車	ばね 緩衝器および ダンパ	管 管継手 弁およびコック 超高圧用配管 と弁

表 4.2 機械要素の機能

機械要素の機能	機械要素など
支える	軸，軸受け，案内，ケース，箱，フレーム
止める	キー，スプライン，止め輪，ピン，コッタ，軸継手，リベット，スナップフィット，ねじ
空間をつなぐ，遮蔽する	箱，壁板
運動を伝える	軸，歯車，カム，軸継手，チェーン，ねじ，リンク，ベルト
力を伝える	軸，歯車，カム，軸継手，クラッチ，カム，チェーン，ねじ，リンク，ベルト，電磁要素
力を増幅する	歯車，トラクション要素，ねじ，チェーン，ベルト，アキュムレータ，リンク
減速（増速）する	歯車，トラクション要素，ねじ，チェーン，ベルト，アキュムレータ，リンク
エネルギーの貯蔵・放出	ばね，フライホイール，アキュムレータ
エネルギーの吸収・散逸	ブレーキ，緩衝器，ケース，箱，軸継手，ダンパ
振動の遮断	軸継手，ダンパ，ばね
アライメントの狂いの吸収	軸継手
転がり接触面の保護，摺動性の向上	潤滑油
冷却	潤滑油，ケース，箱
流体を流す	管
流体の漏れ防止	シール，管継手，ケース，箱

（備考）　文献1）のp.6の①〜⑮を表にしたもの。

4.2 標準化と要素

初期設計段階で採用したモデルとしての設計解（設計解原理，メカニズム，機構など）を，つぎの段階である詳細設計ではモデルを構造化・実体化するために形態（形状，寸法，配置）と材質を決定する．したがって，この段階では表4.1にあげたようなさまざまな機械要素も設計解に入ってくる．機械要素はそれぞれに設計，製造の方法が決まっていて，これに従って設計対象の機械や装置の機能に応じた独自の機械要素を設計することも可能である．それらの設計手法については多くの参考書が出版されている．

しかし，機械要素は一般的に機械，装置などを問わずに共通的に用いることが多く，産業的には大量に用いられる部品である．したがって，独自の要素をその都度設計・製造するよりは，標準部品として，その性能，品質，形状・寸法を定め，**標準化（規格化）** しておくことにより，以下のようなメリットを得ることができる．

① コストの低減化
② 互換性（用いる製品，製造会社の違いによらずに使用できる）
③ それによる入手の容易性
④ 組立てに要する工具も標準品でよいこと
⑤ 製品のメンテナンスのための部品の保存の必要性がなくなること

そこで，いくつかのレベルの機関あるいは組織により機械要素の規格化がなされている．以下に機関，組織を示す．

ア）国際規格：日本を含む多くの国が参加しているのが国際標準化機構（International Organization for Standardization, **ISO**）．

イ）国家規格：各国の機関で標準化された規格で，その国において適用される．日本の場合は日本工業規格（Japanese Industrial Standard, **JIS**）である．

ウ）団体規格：学会や協会などの組織で制定された内容．

エ) 社内規格：全体的標準化の趣旨に基づき，個別企業ごとに適用される内容．

こうした規格は技術の進歩に応じて，一定の期間ごとに必要に応じて改定が行われているので，最新の規格を参考にする必要がある．

4.3 要素の種類と選択方法

いずれの機械要素の場合も多数の種類があるので，ここでは代表的な機械要素である，ねじ，キー，スプライン，軸継手，軸受けを例にあげることにする．実際の設計の段階では，JISを見ながら性能に合った要素を選択することになる．

4.3.1 ね じ 要 素

表4.1に示した機械要素のうちの代表的な要素について，規定されているJIS番号と要素をJISから選択する具体的な方法の例を示す．まず，**ねじ要素**である．ねじ部品とそれに関連した主要なJISの一覧を**表4.3**に示す．

つぎに並目ねじの最小引張荷重および保証荷重（抜粋）を**表4.4**に示す〔JIS B 1051，炭素鋼および合金鋼締結用部品の機械的性質（第1部：ボルト，ねじおよび植込みボルト）〕．表において強度区分は，例えば，4.6や6.8（表では3.6～12.9の区分，その内の例）のように表記されるが，小数点の前の数字は最小引張強さをN/mm^2で表した数字の1/100の値を示し，小数点の後の数字は下降伏点または耐力と引張強さの比の10倍の値を%とする値を示す．したがって，例えば，強度区分4.6は引張強さが$400 N/mm^2$で，比（耐力／引張強さ）＝6の10倍の60%，すなわち耐力は$400 N/mm^2 \times 0.6 = 240 N/mm^2$であることを示す．最小引張荷重は，引張荷重の最小値にねじの有効断面積を乗じた値である．また，保証荷重は引張試験において永久伸びを生じない荷重をいう．

表 4.3　ねじ部品関連の JIS

名　　称	番　号	名　　称	番　号
炭素鋼および合金鋼締結用部品の機械的性質（ボルト，ねじおよび植込みボルト）	JIS B 1051	六角ボルト	JIS B 1180
		四角ボルト	JIS B 1182
締結用部品の機械的性質（並目ねじ）	JIS B 1052	さらボルト	JIS B 1179
ボルト穴径およびざぐり径	JIS B 1001	六角穴付きボルト	JIS B 1176
二面幅の寸法	JIS B 1002	角根丸頭ボルト	JIS B 1171
ねじ先の形状・寸法	JIS B 1003	植込みボルト	JIS B 1173
ねじ用十字穴	JIS B 1012	基礎ボルト	JIS B 1178
すりわり付き小ねじ	JIS B 1101	アイボルト	JIS B 1168
十字穴付き小ねじ	JIS B 1111	ちょうボルト	JIS B 1184
精密機器用すりわり付き小ねじ	JIS B 1116	六角ナット	JIS B 1181
すりわり付き止ねじ	JIS B 1117	溝付きナット	JIS B 1170
四角止めねじ	JIS B 1118	六角袋ナット	JIS B 1183
六角穴付き止めねじ	JIS B 1177	アイナット	JIS B 1169
すりわり付きタッピンねじ	JIS B 1115	ちょうナット	JIS B 1185
十字穴付きタッピンねじ	JIS B 1122	平座金	JIS B 1256
六角タッピンねじ	JIS B 1123	ばね座金	JIS B 1251
すりわり付き木ねじ	JIS B 1135	割ピン	JIS B 1351
十字穴付き木ねじ	JIS B 1112	摩擦接合用高力六角ボルト・六角ナット・平座金のセット	JIS B 1186

表 4.4 並目ねじの最小引張荷重および保証荷重（抜粋）

(a) 並目ねじの最小引張荷重

ねじの呼び	有効断面積 $A_{s,nom}$ [mm²]	強度区分 最小引張荷重 ($A_{s,nom} \times R_{m,min}$) [N]								
		3.6	4.6	4.8	5.6	5.8	6.8	8.8	9.8	10.9	12.9
M3	5.03	1 660	2 010	2 110	2 510	2 620	3 020	4 020	4 530	5 230	6 140
M3.5	6.78	2 240	2 710	2 850	3 390	3 530	4 070	5 420	6 100	7 050	8 270
M4	8.78	2 900	3 510	3 690	4 390	4 570	5 270	7 020	7 900	9 130	10 700
M5	14.2	4 690	5 680	5 960	7 100	7 380	8 520	11 350	12 800	14 800	17 300
M6	20.1	6 630	8 040	8 440	10 000	10 400	12 100	16 100	18 100	20 900	24 500
M7	28.9	9 540	11 600	12 100	14 400	15 000	17 300	23 100	26 000	30 100	35 300
M8	36.6	12 100	14 600	15 400	18 300	19 000	22 000	29 200	32 900	38 100	44 600
M10	58.0	19 100	23 200	24 400	29 000	30 200	34 800	46 400	52 200	60 300	70 800
M12	84.3	27 800	33 700	35 400	42 200	43 800	50 600	67 400*	75 900	87 700	103 000
M14	115	38 000	46 000	48 300	57 500	59 800	69 000	92 000*	104 000	120 000	140 000
M16	157	51 800	62 800	65 900	78 500	81 600	94 000	125 000*	141 000	163 000	192 000
M18	192	63 400	76 800	80 600	96 000	99 800	115 000	159 000	–	200 000	234 000
M20	245	80 800	98 000	103 000	122 000	127 000	147 000	203 000	–	255 000	299 000
M22	303	100 000	121 000	127 000	152 000	158 000	182 000	252 000	–	315 000	370 000
M24	353	116 000	141 000	148 000	176 000	184 000	212 000	293 000	–	367 000	431 000
M27	459	152 000	184 000	193 000	230 000	239 000	275 000	381 000	–	477 000	560 000
M30	561	185 000	224 000	236 000	280 000	292 000	337 000	466 000	–	583 000	684 000
M33	694	229 000	278 000	292 000	347 000	361 000	416 000	576 000	–	722 000	847 000
M36	817	270 000	327 000	343 000	408 000	425 000	490 000	678 000	–	850 000	997 000
M39	976	322 000	390 000	410 000	488 000	508 000	586 000	810 000	–	1 020 000	1 200 000

(注) R_m: 引張強さ
＊: 鋼構造用ボルトの場合には，これらの値をつぎのようにする．
67 400 N → 70 000 N, 92 000 N → 95 500 N, 125 000 N → 130 000 N

4.3 要素の種類と選択方法　103

(b) 並目ねじの保証荷重

ねじの呼び	有効断面積 $A_{s,nom}$ [mm²]	強度区分								
		3.6	4.6	4.8	5.6	5.8	6.8	8.8	9.8	10.9	12.9
		最小引張荷重 $(A_{s,nom} \times S_p)$ [N]								
M3	5.03	910	1 130	1 560	1 410	1 910	2 210	2 920	3 270	4 180	4 880
M3.5	6.78	1 220	1 530	2 100	1 900	2 580	2 980	3 940	4 410	5 630	6 580
M4	8.78	1 580	1 980	2 720	2 460	3 340	3 860	5 100	5 710	7 290	8 520
M5	14.2	2 560	3 200	4 400	3 980	5 400	6 250	8 230	9 230	11 800	13 800
M6	20.1	3 620	4 520	6 230	5 630	7 640	8 840	11 600	13 100	16 700	19 500
M7	28.9	5 200	6 500	8 960	8 090	11 000	12 700	16 800	18 800	24 000	28 000
M8	36.6	6 590	8 240	11 400	10 200	13 900	16 100	21 200	23 800	30 400	35 500
M10	58.0	10 400	13 000	18 000	16 200	22 000	25 500	33 700	37 700	48 100	56 300
M12	84.3	15 200	19 000	26 100	23 600	32 000	37 100	48 900*	54 800	70 000	81 800
M14	115	20 700	25 900	35 600	32 200	43 700	50 600	66 700*	74 800	95 500	112 000
M16	157	28 300	35 300	48 700	44 000	59 700	69 100	91 000*	102 000	130 000	152 000
M18	192	34 600	43 200	59 500	53 800	73 000	84 500	115 000	–	159 000	186 000
M20	245	44 100	55 100	76 000	68 600	93 100	108 000	147 000	–	203 000	238 000
M22	303	54 500	68 200	93 900	84 800	115 000	133 000	182 000	–	252 000	294 000
M24	353	63 500	79 400	109 000	98 800	134 000	155 000	212 000	–	293 000	342 000
M27	459	82 600	103 000	142 000	128 000	174 000	202 000	275 000	–	381 000	445 000
M30	561	101 000| 126 000	174 000	157 000	213 000	247 000	337 000	–	466 000	544 000
M33	694	125 000| 156 000	215 000	194 000	264 000	305 000	416 000	–	576 000	673 000
M36	817	147 000| 184 000	253 000	229 000	310 000	359 000	490 000	–	678 000	792 000
M39	976	176 000| 220 000	303 000	273 000	371 000	429 000	586 000	–	810 000	947 000

(注) S_p：保証荷重応力
* 鋼構造用ボルトの場合には，これらの値をつぎのようにする．
48 900 N → 50 700 N，66 700 N → 68 800 N，91 000 N → 94 500 N

表 4.5　六角ボルト（並目ねじ）の主要寸法

[単位：mm]

ねじの呼び (d)				M1.6	M2	M2.5	M3	M4	M5	M6	M8	M10
P（ピッチ）				0.35	0.4	0.45	0.5	0.7	0.8	1	1.25	1.5
b（参考）	$l \leq 125\mathrm{mm}$			9	10	11	12	14	16	18	22	26
	$125\mathrm{mm} \leq l \leq 200\mathrm{mm}$			15	16	17	18	20	22	24	28	32
	$l > 200\mathrm{mm}$			28	29	30	31	33	35	37	41	45
e	部品等級	A	最小	3.41	4.32	5.45	6.01	7.66	8.79	11.05	14.38	17.77
		B	最小	3.28	4.18	5.31	5.88	7.50	8.63	10.89	14.20	17.59
k	基準寸法			1.1	1.4	1.7	2	2.8	3.5	4	5.3	6.4
	部品等級	A	最大	1.225	1.525	1.825	2.125	2.925	3.65	4.15	5.45	6.58
			最小	0.975	1.275	1.575	1.875	2.675	3.35	3.85	5.15	6.22
		B	最大	1.3	1.6	1.9	2.2	3.0	3.26	4.24	5.54	6.69
			最小	0.9	1.2	1.5	1.8	2.6	2.35	3.76	5.06	6.11
s	基準寸法＝最大			3.20	4.00	5.00	5.50	7.00	8.00	10.00	13.00	16.00
	部品等級	A	最小	3.02	3.82	4.82	5.32	6.78	7.78	9.78	12.73	15.73
		B	最小	2.90	3.70	4.70	5.20	6.64	7.64	9.64	12.57	15.57

（注）　l：呼び長さ
部品等級 A：$d = 1.6 \sim 24\,\mathrm{mm}$。ただし，呼び長さ l が $10d$ または $150\,\mathrm{mm}$ 以下。
部品等級 B：$d = 1.6 \sim 24\,\mathrm{mm}$。ただし，呼び長さ l が $10d$ または $150\,\mathrm{mm}$ を超えるもの。

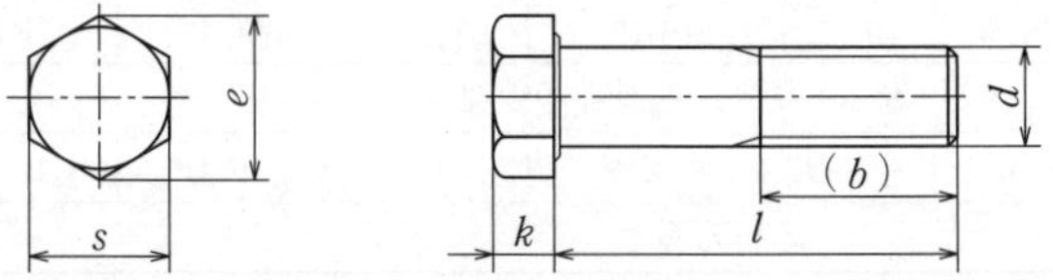

4.3 要素の種類と選択方法　　105

実際のボルト部品の選択方法として，六角ボルト（並目ねじ）の主要寸法に関する JIS B 1180（六角ボルト）（抜粋）を**表 4.5** に示す．

4.3.2　キー，スプライン

キーは歯車や軸継手などの回転体を軸に固定し，回転のトルクを伝達する要素である．キーの種類および記号を**表 4.6** に示す．キーの JIS 例として，平行キーの形状および寸法の規格（JIS B 1301）（抜粋）を**表 4.7** に示す[3]．

コーヒーブレイク 6

勝鬨（かちどき）橋

跳ね橋〔日本で最初の跳ね橋は東京の隅田川にかかる橋（勝鬨橋，昭和 15 年）〕は，その中央が跳ね上がり，大型船の通過に対応する運動機構を備えていた．橋としての機能は，一般的には跳ね上がらない状態で実現するが，跳ね機構も橋のあるべき機能であるとすると，勝鬨橋はルーローの機械の定義に入りうる．名称の由来は，司馬遼太郎の小説『坂の上の雲』の舞台となった日露戦争の旅順陥落（明治 38 年）を祝って，「勝鬨の渡し船」が始まったことによる．

図 1 に現在の勝鬨橋，および**図 2** に橋の中央を跳ね上げる歯車機構（ピニオンとラック）を示す．

図 1　隅田川にかかる勝鬨橋
　　　　（筆者撮影）

図 2　勝鬨橋の中央部を跳ね上げるための歯車（勝鬨橋資料館にて筆者撮影）

4. 設計と機械要素

表 4.6 キーの種類および記号 (JIS B 1301)(抜粋)

形　　状		記号	形　　状		記号
平行キー	ねじ用穴なし ねじ用穴付き	P PS	半月キー	丸　底 平　底	WA WB
こう配キー	頭なし 頭付き	T TG			

表 4.7 平行キーの形状および寸法 (JIS B 1301)(抜粋)　〔単位：mm〕

キーの呼び径 $b \times h$	キー					c^{*1}	l^{*2}
	b		h				
	基準寸法	許容差 (h9)	基準寸法	許容差			
8 × 7	8	0 −0.036	7			0.25 〜 0.40	18 〜 90
10 × 8	10		8				22 〜 110
12 × 8	12	0 −0.043	8	0 −0.090	h11	0.40 〜 0.60	28 〜 140
14 × 9	14		9				36 〜 160
(15 × 10)	15		10				40 〜 180
16 × 10	16		10				45 〜 180
18 × 11	18		11				50 〜 200
20 × 12	20	0 −0.052	12	0 −0.110		0.60 〜 0.80	56 〜 220
22 × 14	22		14				63 〜 250

(注)　*1：45°面取り (c) のかわりに丸み (r) でもよい。
　　　*2：l は，表の範囲内で，つぎのなかから選ぶのがよい。6, 8, 10, 12, 14, 16, 18, 20, 22, 25, 28, 32, 36, 40, 45, 50, 56, 63, 70, 80, 90, 100, 110, 125, 140, 160, 180, 200, 220, 250, 280, 320, 360, 400。なお，l の寸法許容差は，h12 とする。

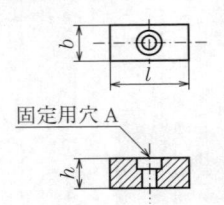

固定用穴 A

スプラインは多数のキーが軸周りに配置されたものと考えることができ，例えば角型スプライン（JIS B 1601）（**表 4.8**）は軸の外周に歯を等間隔に設け，これを穴側の溝にかみ合わせることでトルクを伝達する．その形状・寸法も JIS B 1601 に示されている．

表 4.8　角型スプラインの基準寸法　〔単位：mm〕

d	軽荷重用				中荷重用			
	呼び方	N	D	B	呼び方	N	D	B
11	—	—	—	—	6 × 11 × 14	6	14	3
13	—	—	—	—	6 × 13 × 16	6	16	3.5
16	—	—	—	—	6 × 16 × 20	6	20	4
18	—	—	—	—	6 × 18 × 22	6	22	5
21	—	—	—	—	6 × 21 × 25	6	25	5
23	6 × 23 × 26	6	26	6	6 × 23 × 28	6	28	6
26	6 × 26 × 30	6	30	6	6 × 26 × 32	6	32	6
28	6 × 28 × 32	6	32	7	6 × 28 × 34	6	34	7
32	8 × 32 × 36	8	36	6	8 × 32 × 38	8	38	6
36	8 × 36 × 40	8	40	7	8 × 36 × 42	8	42	7
42	8 × 42 × 46	8	46	8	8 × 42 × 48	8	48	8
46	8 × 46 × 50	8	50	9	8 × 46 × 54	8	54	9
52	8 × 52 × 58	8	58	10	8 × 52 × 60	8	60	10
56	8 × 56 × 62	8	62	10	8 × 56 × 65	8	65	10
62	8 × 62 × 68	8	68	12	8 × 62 × 72	8	72	12
72	10 × 72 × 78	10	78	12	10 × 72 × 82	10	82	12
82	10 × 82 × 88	10	88	12	10 × 82 × 92	10	92	12
92	10 × 92 × 98	10	98	14	10 × 92 × 102	10	102	14
102	10 × 102 × 108	10	108	16	10 × 102 × 112	10	112	16
112	10 × 112 × 120	10	120	18	10 × 112 × 125	10	125	18

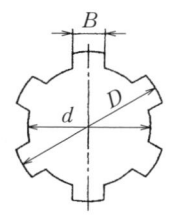

基準寸法

4.3.3 軸継手

軸継手は二つの軸を連結して，トルクや回転運動を伝達するものをいう。種類としては，軸心のずれを許さずに完全に固定するもの（**固定軸継手**），連結部に弾性体や歯車などを介することによって軸心の狂いを許すもの（**たわみ軸継手**），2軸が交差して結合されるもの（**自在継手**）がある。固定軸継手の例としてはフランジ型固定軸継手（**図4.2**[4]）があり，JIS B 1451 で規定されている。また，継手ボルトにゴムなどのブシュを用い，その変形を利用して軸心の狂いを吸収するたわみ軸継手の例を**図4.3**[5] に示す。**図4.4**にはフランジ型固定軸継手の軸の直径，許容伝達トルク，および許容回転速度の関係を示す[5]。JIS B 1452 には，たわみ軸継手の構造，寸法，材質などが規定化されて

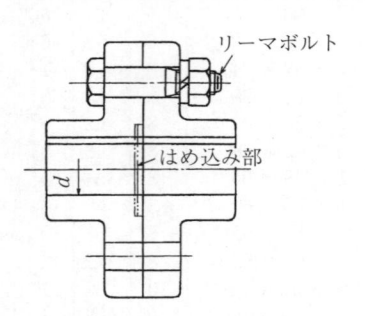

図4.2 フランジ型固定軸継手

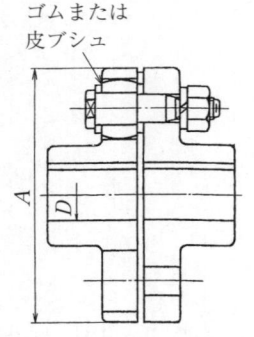

図4.3 フランジ型たわみ軸継手

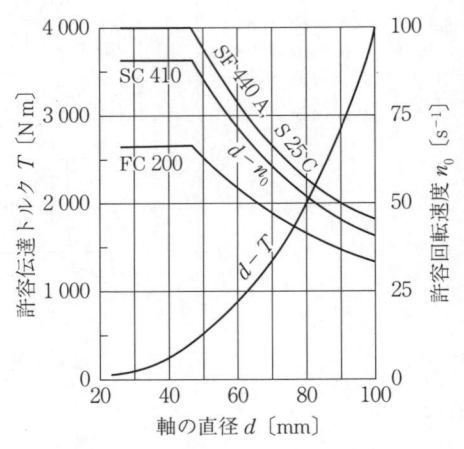

図4.4 フランジ型固定軸継手の軸の直径，許容伝達トルク，および許容回転速度の関係

表 4.9　フランジ型たわみ軸継手の性能

継手外径 A [mm]	最大軸穴直径 D [mm]	許容伝達トルク T [N m]	許容回転速度 n_0 [s^{-1}]		
			FC200	SC410	S25C または SF440A
90	20	4.9	66	91	100
100	25	9.8	66	91	100
112	28	15.7	66	91	100
125	32/28*	24.5	66	91	100
140	38/35*	49	66	91	100
160	45	110	66	91	100
180	50	157	58	79	87
200	56	245	53	71	80
224	63	392	47	64	72
250	71	617	42	58	63
280	80	980	38	51	57
315	90	1 570	34	46	51
355	100	2 450	30	41	45
400	110	3 920	26	36	40
450	125	6 170	23	31	36
560	140	9 800	19	26	28
630	160	15 700	16	12	25

（注）　＊：ボルト穴側軸径／ブシュ穴側軸径

いる。フランジ型たわみ軸継手の性能を**表 4.9**[5]に示す。

4.3.4　転がり軸受け

軸受けは，回転または直線運動をする軸を支えて，軸の運動と軸にかかる荷重を保持する部品である。これにはその構造から**転がり軸受け**と**滑り軸受け**の2種類がある。軸受けは動力損失がきわめて少なく（摩擦係数が小さいことを意味する），軸の位置を正確に保持することが求められる。転がり軸受けはその総則の規格 JIS B 1511 の付表に示すいくつかの規格が制定されている。その種類例と JIS 番号を**表 4.10** に示す。

　転がり軸受けは，転動体の種類により玉軸受けと，ころ軸受けがあり，荷重を受ける方向によりラジアル軸受けとスラスト軸受けに分類される（**図 4.5**）。ここでは転がり軸受けについてのみ説明する。**図 4.6** は転がり軸受けの種類

4. 設計と機械要素

表 4.10 転がり軸受けの種類と JIS 番号

転がり軸受けの種類	JIS 番号	転がり軸受けの種類	JIS 番号
深溝玉軸受け	B 1521	円筒ころ軸受け	B 1533
アンギュラ玉軸受け	B 1522	円すいころ軸受け	B 1534
自動調心玉軸受け	B 1523	自動調心ころ軸受け	B 1535
平面座スラスト玉軸受け	B 1532		

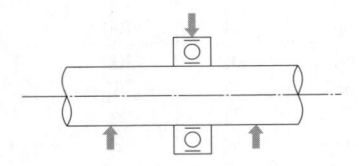

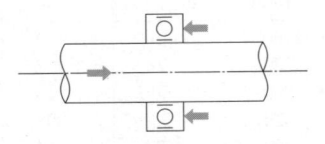

(a) ラジアル荷重（軸直角方向荷重）（ラジアル軸受け）

(b) スラスト荷重（軸方向荷重）（スラスト軸受け）

図 4.5 ラジアル荷重（ラジアル軸受け）とスラスト荷重（スラスト軸受け）の違い

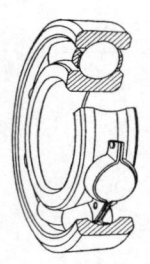

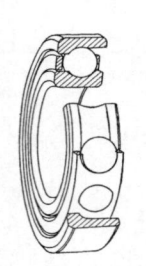

(a) 深溝玉軸受け（単列）
(b) アンギュラ玉軸受け（単列）
(c) 自動調心玉軸受け（複列のみ）
(d) 円筒ころ軸受け（単列，N 形）
(e) 針状ころ軸受け（単列，RNA 形）
(f) 円すいころ軸受け（単列のみ）
(g) 自動調心ころ軸受け（複列）
(h) スラスト玉軸受け（単式）

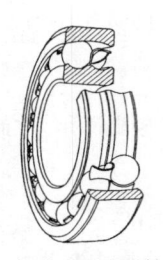

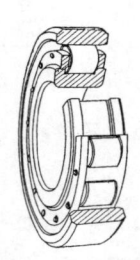

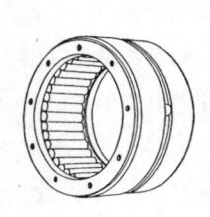

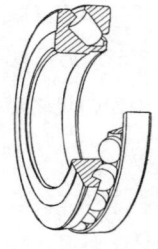

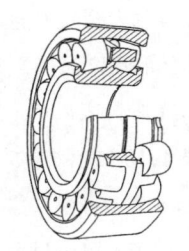

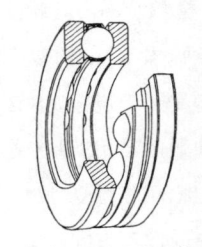

図 4.6 転がり軸受けの種類[6]

を表した図である[6]。転がり軸受けの軸受け系列記号は JIS B 1513 に規定されていて，形式記号および寸法系列記号で表す。深溝玉軸受け，アンギュラ玉軸受け，自動調心玉軸受けの形式記号および寸法系列記号例を**表4.11**に示す。寸法系列記号は，幅系列記号と直径系列記号の2文字の数字からなる。幅系列は0または1で，深溝玉軸受け，アンギュラ玉軸受け，自動調心玉軸受けでは，幅系列記号が省略されることがある。これらの記号を用いて軸受けの呼び番号が用いられている。例えば，呼び番号6204は，1文字目の6が深溝玉軸受けを示す形式記号，2文字目の2は02のことで0（省略されている）が幅系列，2が直径系列2を示し，04は内径番号（呼び軸受け内径20 mm：JIS B 1513の付表2による）を示す。

こうして深溝玉軸受けの場合は，その基本形などに関して JIS B 1521 において呼び番号および寸法（基本形）が提示されている（**表4.12**：JIS B 1521 抜粋）。

表4.11 深溝玉軸受け，アンギュラ玉軸受け，自動調心玉軸受けの形式記号および寸法系列記号例

軸受けの形式		断面図	形式記号	寸法系列記号
深溝玉軸受け	単　列 入れ溝なし 非分離形		6	17 18 19 10 02 03 04
アンギュラ玉軸受け	単　列 非分離形		7	19 10 02 03 04
自動調心玉軸受け	複　列 非分離形 外輪軌道球面		1	02 03 22 23

表 4.12 深溝玉軸受けの基本形の呼び番号および寸法(JIS B 1521 抜粋)

〔単位:mm〕

呼び番号	寸法				寸法系列
	d	D	B	$r_{s,min}$	
673	3	6	2	0.08	17
683	3	7	2	0.1	18
693	3	8	3	0.15	19
603	3	9	3	0.15	10
623	3	10	4	0.15	02
633	3	13	5	0.2	03
674	4	7	2	0.08	17
684	4	9	2.5	0.1	18
694	4	11	4	0.15	19
604	4	12	4	0.2	10
624	4	13	5	0.2	02
634	4	16	5	0.3	03
675	5	8	2	0.08	17
685	5	11	3	0.15	18
695	5	13	4	0.2	19
605	5	14	5	0.2	10
625	5	16	5	0.3	02
635	5	19	6	0.3	03
676	6	10	2.5	0.1	17
686	6	13	3.5	0.15	18
696	6	15	5	0.2	19
606	6	17	6	0.3	10
626	6	19	6	0.3	02
636	6	22	7	0.3	03
677	7	11	2.5	0.1	17
687	7	14	3.5	0.15	18
697	7	17	5	0.3	19
607	7	19	6	0.3	10
627	7	22	7	0.3	02
637	7	26	9	0.3	03

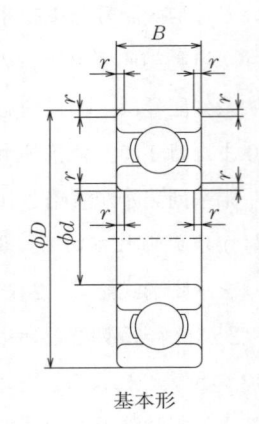

基本形

5 設計と3次元CADモデリング

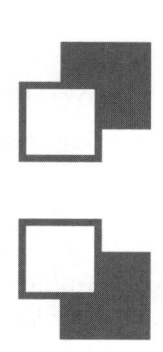

5.1 3次元CAD開発の背景

1959年,アメリカのMIT(マサチューセッツ工科大学)で,CADのプロジェクトに関する会議が最初に開催され,ここで提案されたCADの考え方は以下の①～③に要約される,といわれている。

① 設計者とコンピュータとの会話による作業
② 図を介する会話
③ コンピュータによる解析・テスト

CADの運用に用いられた当初のコンピュータは,大型で計算処理が中心であったが,大型コンピュータの時代には,インタラクティブグラフィックス(ユーザの形状操作に即座に応答する機能)のツールとしてCADは位置付けられた。その後,コンピュータも,大型から,スーパーミニコン,EWS (engineering work station),パソコンへと小型化が進み,一人が1台の環境になっている。例えば,1967年にはアメリカのロッキード社が航空機設計用にCADAM (computer augmented design and manufacturing) を開発し,1972年より外販している。その後,CADAMはCATIA V4(ダッソーシステムズ)として統合されている。プラットフォームとしてのコンピュータのOS(オペレーティングシステム)も大型(メインフレーム)からワークステーションのUNIXになり,さらにCAD自体の普及も進み,パソコンのMS-DOS,Windowsへと変化している。これに対応した廉価版の機械系や建築系などのパソコンCADの時

代を経て，最近は Windows 版の CAD が普及しつつある。

　CAD には機械系，建築系，土木系，電気系（回路用，基盤用）などがあるが，本書では機械系 CAD について説明する。機械系 CAD のなかで，高機能 CAD といわれ，価格も高いハイエンド CAD には，ダッソーシステム社の CATIA，パラメトリックテクノロジーコーポレーション（PTC）の Pro/ENGINEER，シーメンス PLM ソフトウェア社の NX などがあるといわれるが，これらは自動車，航空機，家電製品などの設計に用いられている。ハイエンド CAD についてもパソコン版が実用化され普及しつつある。

　一方，ミッドレンジ CAD は，機能と価格で高機能 CAD の一つ下のランクとされているが，明確な定義があるわけでない。ミッドレンジ CAD は家電製品や OA 製品などの試作設計の分野などでも使用されている。具体的にはソリッドワーク社の SolidWorks，オートデスク社の Inventor などがある。

　いずれもパソコン版の開発などによって普及が進んでいるが，CAD の当初の考え方である前述の 3 項目は踏襲されている。CAD に対する考え方として重要なことは，自動設計（automatic design）ではないということである。多くの場合，自動設計は特定の設計対照に対して（したがって，設計対象モデルも内部的に保存されている）設計の処理手順を確定化できる場合，初期値の入力によって設計解が得られるシステムである。つまり CAD の場合は，基本的にはスタンドアロン型の CAD システム（ターンキー CAD という）により，設計者とコンピュータが 1 対 1 の関係を構成し，設計者の試行錯誤の設計を行っていくことをいう。それが CAD（computer aided design，コンピュータ援用設計）の意味になる。

5.2　3 次元形状モデル

　3 次元形状をコンピュータで扱えるように数値データ化することを，形状モデリングという。モデリングされた形状のデータ表現の方法には，以下の 3 種類がある。

5.2 3次元形状モデル

〔1〕 **ワイヤフレームモデル** 3次元 CAD の開発の歴史上最初に提案された方法であり，**図 5.1** に示すように，点と線による表現である。線には直線と曲線を含む。2次元の断面形状の回転体などの場合は曲線となる。つまり形状の稜線の3次元座標を記憶させることで表現する。この方法では，面を表現する方法をもっていないので，隠線（物体の影にくる隠れた線）を隠線として処理することができない（物体が透けているので隠線も見える），複雑な形状になると立体形状の理解が難しくなる。また，立体の表面積や体積の計算が一般的には困難となる。しかし，点座標と点間の関係の情報だけをもつ簡単なデータ構造であるために，処理演算速度は速くなる。

〔2〕 **サーフェスモデル** ワイヤフレームモデルに面（サーフェス：平面，曲面）の概念を入れて立体を表現する方法である。**図 5.2** に示すように面の情報をもつので，隠線消去処理や面のカラー化などの色付けは可能となる。表面積は計算可能であるが，面で囲まれた内部のデータをもたないので，体積は基本的には計算できない。

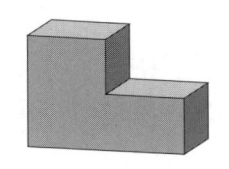

〔3〕 **ソリッドモデル** 形状の幾何学的情報である頂点の座標，稜線の形状，面の形状に関する情報に加えて，それらの接続関係に関する情報ももっているので，立体の中身の存在も表現される。そのため隠線処理，色付け，シェーデイング，表面積，体積の計算も可能となる（**図 5.3**）。

また，複数のソリッドモデル（空間の集合領域）の間における集合演算（和，差，積）やソリッドモデルどうしの干渉評価も可能となる。しかし，上述したように，ソリッドモデルの立体表現には多くのデータを保持することになるので，データ処理に時間を要することが一般的である。

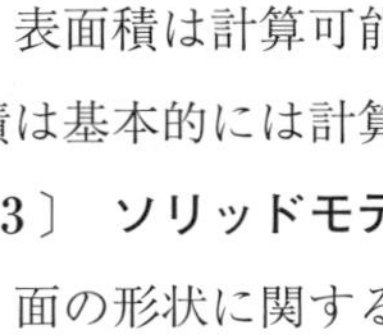

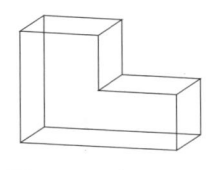

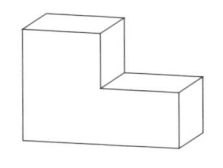

図 5.1 ワイヤフレームモデル 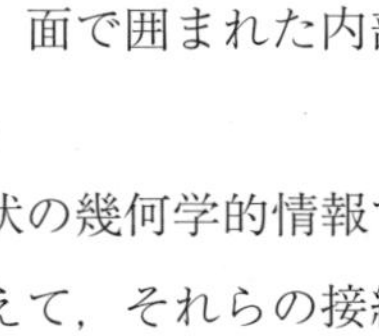　　図 5.2 サーフェスモデル 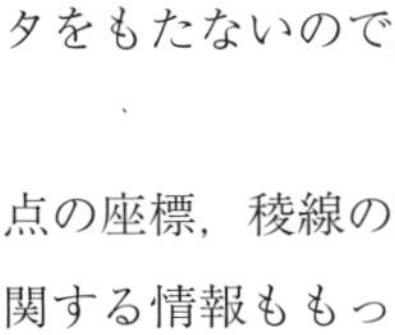　　図 5.3 ソリッドモデル

ソリッドモデルのデータ構造の表現方法は 2 種類ある。**CSG**（constructive solid geometry）と **B-reps**（boundary representation）である。前者はあらかじめ立体形状の基本要素（プリミテイブという：直方体，球，円柱，円すい，角柱，角すいなど）に，例えば集合論的な操作を加えて対象物を構築する。すなわちプリミテイブ，集合演算の順，演算記号（和，差，積）をデータとしてもつことになる。CSG による演算の例を **図 5.4** に示す[1]。後者はその表面を構成するデータとして幾何要素（頂点の位置，稜線や面の方程式など）と位相要素（頂点，稜線，面，立体などの境界面の接続情報）をもち，これらにより立体形状を表現する〔**図 5.5**（a）〕。B-reps は形状表現能力は高いが，デー

図 5.4 CSG によるソリッドモデル表現[1]

（a） B-reps によるソリッドモデル表現

（b） CSG によるソリッドモデル表現

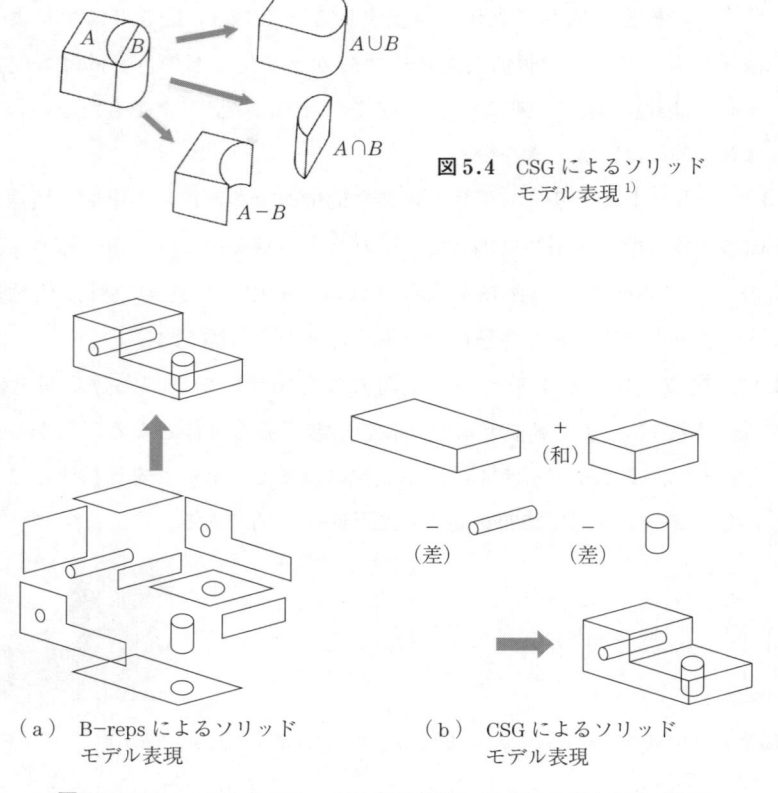

図 5.5 B-reps によるソリッドモデル表現と CSG による表現との比較

タ量が多く，処理も複雑となるが，現状，市販されている CAD システムでは B-reps を基本としていることが多い．B-reps と CSG との違いを直感的に説明するために図 5.5 に比較図を示す．

5.3 設計とモデル表現機能

3 次元形状の表現のための CAD の機能には多種多様なものがある．ここでは，形状や寸法間の関係性に注目した機能として，**パラメトリックモデリング機能**，**フィーチャーベースモデリング機能**，および（ノン）**ヒストリーベース機能**について説明をする．

5.3.1 パラメトリック機能

3 次元の CAD データにおいては，立体は面情報の組合せ，面は辺情報の組合せ，辺は頂点情報の組合せになっていて，頂点には 3 次元座標値が定義されている．したがって頂点の 3 次元座標値が変わると，それと関係付けられている辺，面，立体の形状が自動的に変わることになる．その際に複数の頂点座標の間の関係性に拘束条件を加えておくことが必要になる．例えば，頂点 A，B 間の距離と頂点 C，D 間の距離はつねに一定，あるいは辺 AB と辺 BC はつねに直交するとか，平行であるなどの拘束を与えていく．そうすると辺の長さなどを変数で与えておいて，そこに具体的数値を代入すると拘束条件を維持しながら 3 次元図形を自在に変更することが可能となる．このような機能をパラメトリック機能という．例として **図 5.6** に示す図形をパラメトリック機能によっ

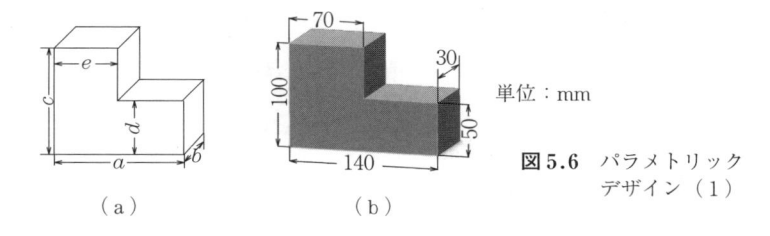

単位：mm

図 5.6 パラメトリックデザイン（1）

て変更する場合を示す。図に示す寸法に対してこれらを変数表現する〔図(a)〕。

一方，これらの寸法変数に拘束条件を与える。例としては，つぎの2種類の c と d に関する拘束条件を個別に考えたものとする。

　　拘束条件①　　b, e, d は不変，$c \geqq d$。

　　拘束条件②　　a, b, e は不変，$d = c/2$。

まず出発点として，各変数に数値を与えた図を描く〔図5.6（b）〕。拘束条件が c と d に関する条件であり，幅 $e = 70$，奥行き $b = 30$ は一定とする。変数として，まず拘束条件①の場合は，a, c を考え，a を大きくし，c を小さくするものとする。その結果の一例を示したのが**図 5.7**（a）である。拘束条件①のもとでの変数値変更が行われていることがわかる。拘束条件②の場合は，a, b, e は不変とし，c を小さくするものとする。その結果の一例を示したのが図（b）である。c を小さくしつつ，拘束条件が維持されていることがわかる。

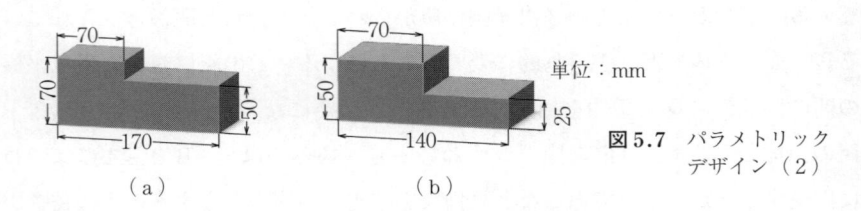

図 5.7　パラメトリックデザイン（2）

機械設計において，寸法変数間の関係（拘束条件）を維持しながら設計する必要がある場合も多い。一般に設計修正が起きることは通例であり，そのような関係を初めから与えておくことは修正の対応としても有効である。したがって，**パラメトリックデザイン**機能は設計者の技能，経験，知識によって設計そのものを有効化できる機能となりうる。

5.3.2　フィーチャーベース機能

パラメトリックデザイン機能は，おもに寸法変数間の関係に拘束を与えるも

のであったが，**フィーチャーベース**機能は形状のつくり方のプロセスや形状の位置関係などの特徴（属性ともいう）に拘束を与えることで，設計修正の自動化を行うものである．特徴ベースで記録したつくり方の履歴に基づく機能である．その意味では**ヒストリーベース**デザインとなっている．**図5.8**に示すように，図（a）の場合は四角の平板を押し出して直方体をつくるプロセスであるが，平板の寸法とその押出しという操作をフィーチャー（特徴）として記録する（あるいはその機能のコマンドを利用する）ことになる．したがって，平板の大きさを変えると，変更された寸法に従って長方体が押し出されることになる．図（b）の場合は，穴の位置が製品の機能上の意味がある場合であり，特徴量になっていて，平板の寸法などが変更されると，特徴に従って穴の位置が決定されることになる．以上のように，図形にフィーチャー（特徴，属性）情報が付いたことになる．

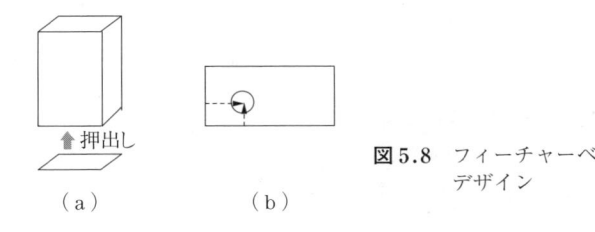

図5.8 フィーチャーベースデザイン

以上のフィーチャーの内容的範囲をさらに広げ，CADで描いている形状（立体，面，稜線，穴などの具体的形状など）にさまざまな知識（属性情報）をもたせる手法をナレッジ（knowledge）ベースということもある．知識としては材質，他立体との接続，加工法，締結法，廃棄・リサイクル等の種別などさまざまである．

一方，フィーチャーの実行で作成したソリッドは逆にフィーチャーの履歴で管理されるので，これを避け，設計者が直感的に対話的にソリッドモデリングができるCADとして**ノンヒストリーベース**といわれるCADもある．

5.4　3次元CADシステムの特徴

3次元CADシステムとは，形状を表現する3次元モデルをコアにして設計に利用できるようにさまざまな機能を付け加えたソフトウェアのことをいうものとする。2次元CADシステムあるいは2次元図面に比較して，3次元CADシステムにはおもにつぎのような特徴がある。

① 立体形状の認識が容易であること。2次元の場合は3面図などの2次元情報を人間の頭のなかで組み立てることになり，一定の訓練が必要になる。図5.9は腕時計の3次元CADモデルのアセンブリである。その形状は2次元図面から組立図を書く場合，あるいは頭のなかでアセンブリした場合に比較してかなりわかりやすい。したがって，3次元CADモデルは設計者のみならず，試作，製造，発注，営業などの他部門の人や，ひいては顧客にとっても明快な形状イメージを理解することが可能となる。

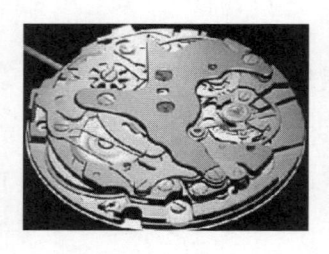

図5.9　腕時計のソリッドモデルのアセンブリ

② 立体が表面だけでなく，その内部の存在も情報として有しているので，立体間の干渉チェックが可能である。干渉とはアセンブリの際に部品モデル間で図形位置の衝突が起こることをいい，立体の内部の存在があってチェックが可能となる。

③ 体積や表面積の計算が可能であること。

④ 設計変更などに対応できるパラメトリック設計が可能であること。前述5.3節のパラメトリック設計のことである。2次元CADにおいてもパラメトリック機能は可能である。

⑤　**ソリッドモデル**を用いれば，モデルのどのような断面をとってもその断面形状を含む立体図を表現できること．

⑥　組立て（**アセンブリ**）の機能があること．各部品のCADモデルを作成後，そのモデルをそのまま用いてアセンブリ状態を作成できること．3次元モデルでもワイヤフレームモデルやサーフェスモデルでは実際上，稜線や表面が重なり，アセンブリは可能であっても，その状態は見えづらい，あるいは見えないことが一般的である．

⑦　設計者の自由な視点に対応して形状の位置・方向・大きさを表現する機能（回転など）があること．

⑧　物体表面の質感，指定した光源によるシェーディングなどを表現する機能（レンダリングという）があること．

⑨　部品表を自動的に作成できること．

⑩　**CAE**（computer aided engineering）の解析との連携が容易であること．すなわち3次元CADモデルの形状データをそのまま用いて解析データに転用し，解析を行うことができる．**図5.10**は，乗用車の全体を有限要素法を用いて衝突解析する場合の要素分割を示した図である．この連携は，設計プロセスにおける詳細設計との関係でも重要である．後述（5.5節）の設計プロセスと3次元CADとの関係のところでも再度触れる．

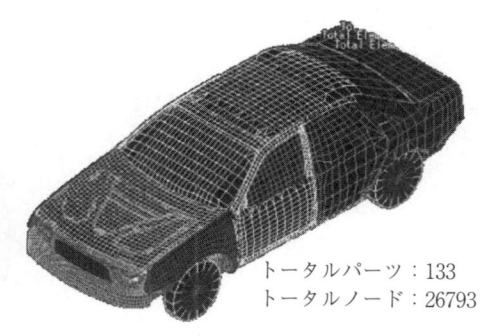

図5.10　乗用車全体の有限要素モデル[2]
トータルパーツ：133
トータルノード：26793

図5.11　加工シミュレーション

⑪ **CAM**（computer aided manufacturing）のカッタパスのデータを作成できること。詳細設計において確定した設計案の3次元 CAD モデルを加工データ（加工の際のカッタの軌跡（パス））として利用できる。すなわち加工のシミュレーションおよび実際の部品の **CNC**（computer numerical control，コンピュータ数値制御）加工などに利用できる。**図 5.11** に**加工シミュレーション**に利用している図を示す。この特徴についても後述の設計プロセスと3次元 CAD との関係のところでも再度触れる。

⑫ 3次元形状の表現要素（立体，表面，稜線，頂点）に属性情報を与えることができる。属性情報の種類は任意であるが，例えば，名前，設計意図，接続情報，加工法，材質，リサイクル等の廃棄性などである。

5.5 設計プロセスと3次元 CAD

第2章で説明した設計プロセスを主たるプロセスとして直列型に表現し，おもに詳細設計段階ではあるが，これに3次元 CAD システムとして使用されている内容を加えた図を**図 5.12** に示す。図中における詳細設計段階などにかかわる3次元 CAD の内容から引いている矢印の位置には意味はない。

多種多様な場面で3次元 CAD モデルあるいは3次元 CAD システムは利用されているが，図 5.12 に示した項目を箇条書きすると，① 意匠設計，② さまざまな解析，③ サプライヤーによる部品・ユニット設計，④ アセンブリシミュレーション，⑤ プロセスフローシミュレーション，⑥ 試作品製造〔ラピッドプロトタイピング（光造形法など）〕，⑦ 加工シミュレーション，⑧ 加工データ，⑨ 金型設計，⑩ 金型加工データ，⑪ コスト評価，⑫ 部品表作成，⑬ 製造作業性・操作性評価（デジタルマネキンの利用），⑭ 治工具設計，などである。ここでは，①，②，⑦について説明する。

①の**意匠設計**については，詳細設計の最上流，あるいは初期設計に含まれる段階であるが，近年，いわゆるデザイナ向けの3次元グラフィックシステムと従来設計の過程で使用されてきたソリッドモデルの CAD との間で，形状デー

5.5 設計プロセスと3次元CAD

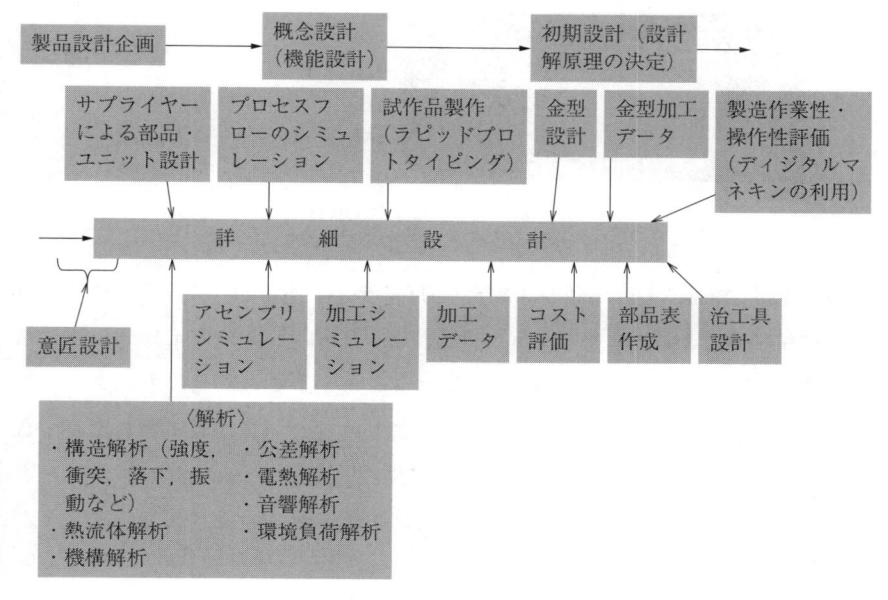

図5.12 設計プロセスと3次元CADの利用

タの互換が可能となってきたことから，意匠（スタイリング）からの一貫した流れがとれるようになってきたことを意味している[3]。

このことは，乗用車設計のように意匠形状が販売上から重要視される分野では重要であろうと思われる。

②の解析については，図5.10にも示したように，さまざまな物理現象の解析に3次元CADモデルが使用されている。ここでは例として，5.4節で示した乗用車の全体の要素分割を用いて衝突安全設計のための衝突解析について説明する。乗用車の衝突安全性能には，代表的には正面衝突（前幅衝突とオフセット衝突（部分衝突））や側面衝突などがある。図5.10の要素分割の状態で，オフセット衝突（前面車幅の50％が剛体壁に衝突した場合）させたときの車体の変形状態を示したのが**図5.13**である。エンジン格納空間内でおおむね変形が収まっていて，乗員空間での変形は少ないことがわかる。

⑦の加工シミュレーションについての例（切削加工シミュレーション）を以

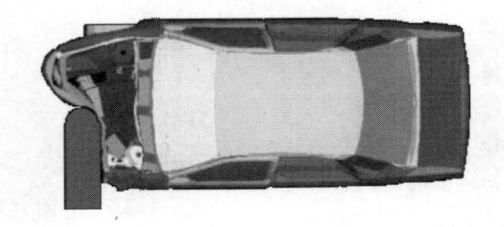

図 5.13 オフセット衝突の変形シミュレーション

下に示す。

図 5.14 は L 形の機構部品の 3 次元 CAD モデルであるが，これを荒加工（工具先端半径 R：3 mm，ピックフィード量：3.0 mm）したシミュレーション結果が図 5.15 である。ここで，R 量やピックフィード量は工具のカッタパス間の間隔で面粗さに関係してくる。図 5.15 よりカッタパスが見てとれる。つぎに仕上げ加工のシミュレーションを行った結果（$R = 1$ mm，ピックフィード量 0.1 mm）を図 5.16 に示す。表面はかなり滑らかに加工されていることがわかる。

コーヒーブレイク ⑦

製造物責任法

　平成 6 年に制定された法律で，製造物に欠陥があり損害が生じた場合に，その製品の製造業者の賠償責任について定めた法規のことをいう。いわゆる PL（product liability）法といわれるものである。設計者を志す人，設計について学ぶ人は知っておく必要があるだろう。

　ここでいう製造物の定義は，「製造または加工された動産」となっている。したがって，不動産，サービスやソフトウェアなどは含まれない。また，欠陥とは，製造物が設計上，製造上，指示・警告上において通常有すべき安全性を欠いた場合をいう。また，製造業者とは，製造物を業務として製造，加工，輸入した者や製造業者として表示した者をいう。また，賠償責任は，欠陥によって人の生命，身体または財産を侵害した場合である。

　したがって，逆に最近は製品によっては，取扱い説明書のなかに完全には除去できない危険やそれらを回避するための説明がかなり細かく示されている。

　いずれにしても，安全な製品の設計，製造，あるいは工程管理や検査も重要になる。

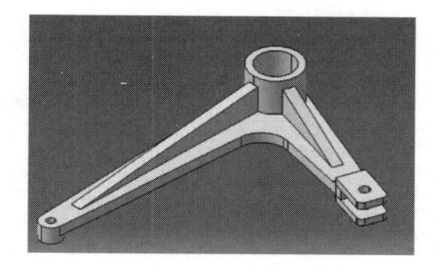

図 5.14 加工シミュレーションのための 3 次元 CAD モデル

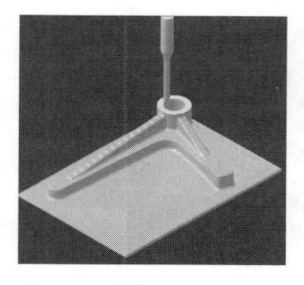

図 5.15 荒加工シミュレーション（工具 R3，ピックフィード量 3.0 mm）

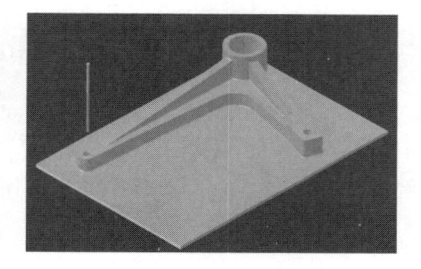

図 5.16 仕上げ加工シミュレーション（工具 R1，ピックフィード量 0.1 mm）

5.6　3 次元 CAD モデルの価値

5.4 節において 3 次元 CAD モデルの特徴をあげた。また 5.5 節で 3 次元 CAD と**設計プロセス**の関係を示した。これらの特徴と関係について，CAD モデルの価値の観点から，特に 2 次元 CAD との比較もしながら見てみる。

図 5.17 は，横軸の設計プロセスの進展（例えば設計，解析，製造）において，設計の結果得られた 2 次元 CAD の図面に対して，そこに描かれた物体を解析しようとする場合，例えば**有限要素解析**の場合，解析ソフトのプリプロセッサを用いて要素分割のための 3 次元図形を入力し直さなければならない。また，製造（加工）に関しては **CNC** を用いて行う場合は，2 次元 CAD 図面を見ながら改めて 3 次元の CAD/CAM プログラム（あるいは CAM プログラム）

126　　5. 設計と3次元 CAD モデリング

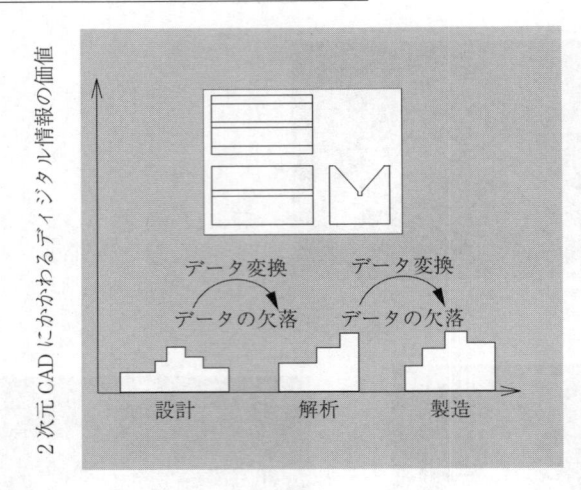

図 5.17　2 次元 CAD の情報の価値

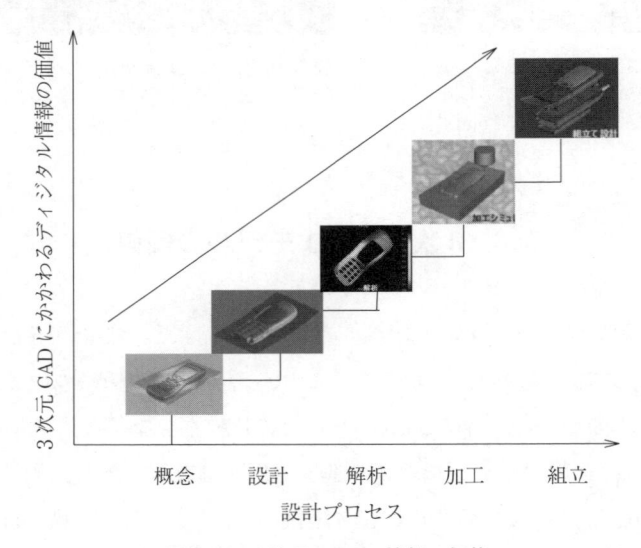

図 5.18　3 次元 CAD の情報の価値

を作成し，これとの連携による加工の計算機制御が可能となる。したがって，2 次元 CAD の場合は，CAD モデル自体を設計を含むエンジニアリングプロセ

スで直接的に利用できるわけではない。

　それに対して3次元CADの場合（**図5.18**）は，作成されたCADモデルのデータをそのまま使用して，概念設計の構想のためのデータ，解析のためのデータ（例えば多種類解析のための要素分割データ），加工のためのデータ，アセンブリ評価のためのデータなどに利用など，あるいは上流にさかのぼって，意匠データからの3次元CADデータの導出など，一連のプロセスが基本的に同じデータで多様に利用できる。この意味において3次元CADデータのデジタル情報の価値は付加的，蓄積的であるといえる。

6
設 計 と 解 析

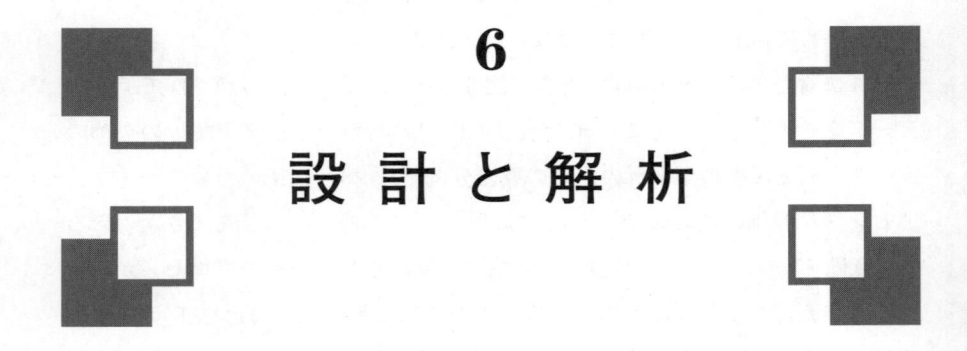

6.1 解析の目的とシミュレーションの意味

　詳細設計段階では，第2章で述べたように，モデルとしての設計解に対してその材質，形状，寸法などを決めることにより構造化を行う。そのためには，モデルの要素がモデルの本来機能を実現するために要素部材の**強度・剛性**が必要であれば，仮定した初期値（図2.19）を出発点として，材質，形状，寸法で構成される要素部材の剛性を解析する必要がある。剛性が達成された部材に対して他の性能（制約条件など）が実現される必要があれば，これらの性能に対しても，図2.19の手順，あるいは2.5.3項「多目的設計」の手順により実現する材質，形状，寸法を決めていく必要がある。その際に，上述の例でいえば剛性や他の性能（制約条件）の解析が必要となるが，想定される実構造の形状，寸法の複雑性から**解析的解析**（例えば，弾性理論による厳密解析）は実質的に難しい。そこで本章で紹介する有限要素法などのシミュレーションによる近似解析が実際上の手法となっている。

6.2 解析の種類

　解析に使用されている近似解析手法としては，**有限要素法**（FEM）が多いので，ここでも有限要素法の適用現象の種類をあげる。すなわち，弾性解析，弾塑性解析，塑性解析，衝突解析，流体解析，熱解析，電磁場解析などがあ

る。いずれも，それぞれの物性の場の支配方程式が微分の形で表現可能な現象に適用している。最近は，それらの複数を組み合わせた連成解析（固体と流体など）に関する研究も盛んに行われている。例えば，血管と血管内の血液の流れの連成解析などである。

6.3 弾性体の解析

6.2節で述べたように，機械設計の対象となるさまざまな物理現象の近似解析手法として有限要素法が使用されている。ここでは，機械設計一般で扱われる材料特性の代表例として**弾性体**の有限要素法について説明する。弾性は材料に荷重を負荷した場合，荷重に比例した変形が生じ，その後除荷をすると負荷と変形の比例線をたどって無負荷，無変形状態に戻る理想的な性質（**Hook則**）をいう（**図 6.1**）。

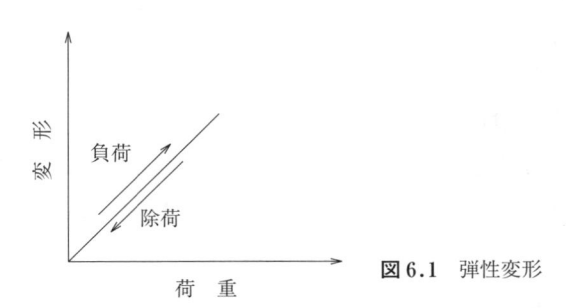

図 6.1 弾性変形

弾性体は連続体である。すなわち，弾性体の弾性状態を示す応力やひずみは弾性体内の位置（ポイント）ごとに決まる。したがって，応力や変位は位置が変化すると変化するが，その変化の仕方は，後述するように，弾性場を支配する微分方程式に従って変化する。したがって，材料の弾性応力を知るためには，その**支配方程式**を与えられた境界条件のもとで解けばよいのであるが，実在の問題は形状などが複雑で実際上，解析することは困難であることが多い。そこで，無限の自由度（質点が無限個あるともいえる）を有する弾性連続体を，解析対象領域を分割した要素ごとに定義される特性の近似式〔例えば，弾

性現象なら変位変化の近似式〔(二次式，一次式，定数など)〕で表現することにより，有限の自由度に落とし込み，近似的に解析しようとするのが有限要素法である。したがって，解析結果は近似解となる。

　また，弾性体は荷重を受けて変形し，そのために弾性体内のある点は位置を変える（変位する）。しかし，ここでは変形は小さいものとし，変位後のその点の移動量も小さく，変位前の点の座標を示す座標系は変位後も変わらないものとする。前述したように，弾性体は荷重を完全に除去すると変形は0に戻るが，弾性変形は微小な範囲，すなわち負荷応力もわずかな範囲であることを示している。こうした微小変形（infinitesimal deformation）の場合，荷重と変形は比例することが実験的にも示されている。

　なお，以下の説明においては，弾性論における三つの基礎方程式（**支配方程式**）である，**つり合い方程式**，**応力-ひずみ関係式**（構成方程式ともいう），**変位-ひずみ関係式**（適合条件式ともいう）の導出については，例えば，文献1）を参照願いたい。

6.3.1　2次元弾性体の有限要素解析

〔1〕**要素と要素分割**　　上述のように弾性体は連続体であり，したがって，無限自由度の変位（変形）が起きるが，これを一定の有限自由度に落とし込むために弾性体を要素に分割する。要素形状にはいくつかの種類があるが，ここでは**三角形要素**を用いるものとする。また解析対象を2次元平板とする。説明のための課題として，中央に孔を有する平板〔**図6.2**（a）〕を考え，これの三角形要素分割のイメージ図〔図（b）〕に示す。三角形の頂点に節点を配置する。すなわち，ここで説明する三角形要素は以下の性質（特に②の性質）をもつものとする。

　①　負荷された荷重は節点を介して伝えられ，節点に変位を生じる。
　②　応力，ひずみは各要素内で一定である。

　負荷された外力は弾性体に伝えられ，応力が分布することになるが，①は外力を受けての荷重の伝わり方を示し，その結果生じる節点の変位により，要素

6.3 弾性体の解析

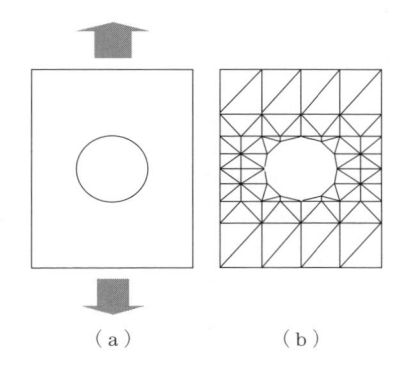

図 6.2 弾性体の要素分割（概念）

ごとに一定と定義される応力やひずみ（②）が求まり，解析対象全体の応力分布は要素ごとの一定値の分布として近似的に与えられ，分布することを②は示している。

要素には大きさがあるので，解析対象全体をカバーする要素数は有限な数になる。逆に要素数を多くしていけば，一要素の大きさは一般的には小さくなり，要素数を無限大に近づければ，要素の大きさは無限小に近づき，点状態に近づくので，概念的には解の近似度は上がり，正解に近づくことになる。

〔2〕 **要素の応力，ひずみ**　応力，ひずみが要素内で一定であると仮定することは，要素内の変位が直線的（一次式で表現）に変化することと同等である。いま三角形要素 e を**図 6.3** に示すように，左回りの順の節点 i, j, k で表すものとする。そこで，三角形要素内の変位場を式（6.1）のように座標の一次式（**変位関数**という）で仮定する。

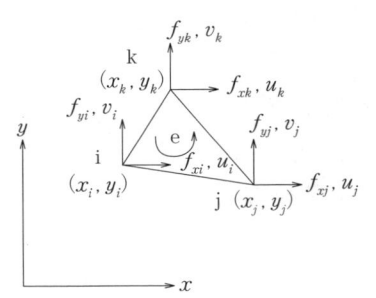

i, j, k：節点
x_m, y_n $(m, n = i, j, k)$：節点座標
f_{x_m}, f_{y_n} $(m, n = i, j, k)$：x, y 方向節点力
u_m, v_n $(m, n = i, j, k)$：x, y 方向変位

図 6.3 三角形要素の節点力と節点変位

$$\left.\begin{array}{l} u = \alpha_1 + \alpha_2 x + \alpha_3 y \\ v = \alpha_4 + \alpha_5 x + \alpha_6 y \end{array}\right\} \quad (6.1)$$

ここで，u, v はそれぞれ x 方向，y 方向の変位，$\alpha_1 \sim \alpha_6$ は定数である．図 6.3 において，x_i, y_i, x_j, y_j, x_k, y_k はそれぞれ節点 i, j, k の座標，f_{x_m}, f_{y_n} ($m, n = i, j, k$) はそれぞれ x, y 方向の節点力，u_m, v_n ($m, n = i, j, k$) はそれぞれ x 方向，y 方向の変位である．

式 (6.1) より節点 i, j, k の変位は式 (6.2) のように表される．

$$\left.\begin{array}{ll} u_i = \alpha_1 + \alpha_2 x_i + \alpha_3 y_i, & v_i = \alpha_4 + \alpha_5 x_i + \alpha_6 y_i \\ u_j = \alpha_1 + \alpha_2 x_j + \alpha_3 y_j, & v_j = \alpha_4 + \alpha_5 x_j + \alpha_6 y_j \\ u_k = \alpha_1 + \alpha_2 x_k + \alpha_3 y_k, & v_k = \alpha_4 + \alpha_5 x_k + \alpha_6 y_k \end{array}\right\} \quad (6.2)$$

式 (6.2) を α_i ($i = 1 \sim 6$) について解き，式 (6.1) に代入すると，三角形要素内の変位が (x, y) の関数として表される．この関数を**形状関数**という．

$$\left.\begin{array}{l} u = \dfrac{1}{2\varDelta} \{(a_i + b_i x + c_i y) u_i + (a_j + b_j x + c_j y) u_j + (a_k + b_k x + c_k y) u_k\} \\ v = \dfrac{1}{2\varDelta} \{(a_i + b_i x + c_i y) v_i + (a_j + b_j x + c_j y) v_j + (a_k + b_k x + c_k y) v_k\} \end{array}\right\}$$
$$(6.3)$$

ここで

$$\left.\begin{array}{lll} a_i = x_j y_k - x_k y_j, & a_j = x_k y_i - x_i y_k, & a_k = x_i y_j - x_j y_i \\ b_i = y_j - y_k, & b_j = y_k - y_i, & b_k = y_i - y_j \\ c_i = x_k - x_j, & c_j = x_i - x_k, & c_k = x_j - x_i \end{array}\right\} \quad (6.4)$$

$$\varDelta = \frac{1}{2} \begin{vmatrix} 1 & x_i & y_i \\ 1 & x_j & y_j \\ 1 & x_k & y_k \end{vmatrix} \quad (\varDelta：三角形要素の面積) \quad (6.5)$$

である．ただし，式 (6.5) の行列式は三角形の 3 節点 i, j, k (図 6.3) が半時計方向に回る場合の三角形の面積である．

一方，**変位-ひずみ関係式**は

6.3 弾性体の解析

$$\varepsilon_x = \frac{\partial u}{\partial x}, \quad \varepsilon_y = \frac{\partial v}{\partial y}, \quad \gamma_{xy} = \frac{\partial u}{\partial y} + \frac{\partial v}{\partial x} \tag{6.6}$$

で与えられる。ここで，$\varepsilon_x, \varepsilon_y, \gamma_{xy}$ はそれぞれ x 軸方向ひずみ，y 軸方向ひずみ，x-y 軸せん断ひずみである。式 (6.6) に式 (6.2) を代入すると，各軸方向のひずみ成分が得られる。

$$\left.\begin{aligned}\varepsilon_x &= \frac{1}{2\Delta}\{b_i u_i + b_j u_j + b_k u_k\} \\ \varepsilon_y &= \frac{1}{2\Delta}\{c_i v_i + c_j v_j + c_k v_k\} \\ \gamma_{xy} &= \frac{1}{2\Delta}\{c_i u_i + c_j u_j + c_k u_k + b_i v_i + b_j v_j + b_k v_k\}\end{aligned}\right\} \tag{6.7}$$

これをマトリックス形で表現すると

$$\begin{Bmatrix}\varepsilon_x \\ \varepsilon_y \\ \gamma_{xy}\end{Bmatrix} = \frac{1}{2\Delta}\begin{bmatrix}y_j - y_k & y_k - y_i & y_i - y_j & 0 & 0 & 0 \\ 0 & 0 & 0 & x_k - x_j & x_i - x_k & x_j - x_i \\ x_k - x_j & x_i - x_k & x_j - x_i & y_j - y_k & y_k - y_i & y_i - y_j\end{bmatrix}\begin{Bmatrix}u_i \\ u_j \\ u_k \\ v_i \\ v_j \\ v_k\end{Bmatrix} \tag{6.8}$$

となる。

ひずみベクトルを $\{\varepsilon\}$，節点変位ベクトルを $\{\delta\}_e$，右辺の係数マトリックスを $[B]$（ひずみ-変位マトリックスという）と書けば，式 (6.9) のようになる。

$$\{\varepsilon\} = [B]\{\delta\}_e \tag{6.9}$$

ここで

$$\{\varepsilon\} = \begin{Bmatrix}\varepsilon_x \\ \varepsilon_y \\ \gamma_{xy}\end{Bmatrix}, \quad \{\delta\}_e = \begin{Bmatrix}u_i \\ u_j \\ u_k \\ v_i \\ v_j \\ v_k\end{Bmatrix},$$

$$[B] = \frac{1}{2\Delta} \begin{bmatrix} y_j - y_k & y_k - y_i & y_i - y_j & 0 & 0 & 0 \\ 0 & 0 & 0 & x_k - x_j & x_i - x_k & x_j - x_i \\ x_k - x_j & x_i - x_k & x_j - x_i & y_j - y_k & y_k - y_i & y_i - y_j \end{bmatrix}$$

(6.10)

である。一方，**応力$\{\sigma\}$-ひずみ$\{\varepsilon\}$関係式**

$$\{\sigma\} = [D]\{\varepsilon\} \tag{6.11}$$

および式 (6.9) を用いると，式 (6.12) のようになる。

$$\{\sigma\} = [D][B]\{\delta\}_e \tag{6.12}$$

ここで，応力ベクトル$\{\sigma\}$は

$$\{\sigma\} = \begin{Bmatrix} \sigma_x \\ \sigma_y \\ \tau_{xy} \end{Bmatrix}$$

となり，$[D]$は応力-ひずみマトリックスと呼ばれ，**平面ひずみ**の場合は

$$[D] = \frac{E(1-\nu)}{(1+\nu)(1-2\nu)} \begin{bmatrix} 1 & \frac{\nu}{1-\nu} & 0 \\ \frac{\nu}{1-\nu} & 1 & 0 \\ 0 & 0 & \frac{1-2\nu}{2(1-\nu)} \end{bmatrix}$$

となる。また，**平面応力**の場合は

$$[D] = \frac{E}{(1-\nu^2)} \begin{bmatrix} 1 & \nu & 0 \\ \nu & 1 & 0 \\ 0 & 0 & \frac{1-\nu}{2} \end{bmatrix}$$

である。ここで，Eは縦弾性係数，νはポアソン比である。厚さの大きい板が面内の荷重を受けると板厚方向の変位が0になり，ひずみ分布が平面的になる状態を平面ひずみという。平面応力状態とは，薄い平板のように板厚方向の応力成分が0と見なせる状態をいう。

6.3 弾性体の解析

〔3〕 **要素剛性マトリックス** 実際に荷重を負荷された部材に生じる応力やひずみを求めるためには，まず節点荷重と節点変位の関係を示す剛性マトリックスを求めなければならない。そのために**仮想仕事の原理**を使う。弾性体の場合の仮想仕事の原理はつぎのようにいえる。すなわち，つり合い状態にある弾性体の各点に任意の微小な仮想的な変位を与えた場合，この変位によりなされる外力および応力のなす仕事の総和は0である。

いま仮想仕事の原理を三角形要素 e〔前述の一定ひずみ（応力）要素〕に適用する場合，外力ベクトルを $\{f\}$，仮想変位ベクトルを $\{\bar{\delta}\}$，仮想変位に対応するひずみベクトルを $\{\bar{\varepsilon}\}$ とすれば

$$\{\bar{\delta}\}_e^T \{f\}_e = t\Delta \{\bar{\varepsilon}\}^T \{\sigma\} \quad （Tは行列の転置，tは板厚） \quad (6.13)$$

のようになる。

左辺は仮想変位により表面に働く外力のなす仕事，右辺は応力（内力：応力とその作用面積の積）のなす仕事である。

式 (6.13) では

$$\{\bar{\delta}\} = \begin{Bmatrix} \delta u \\ \delta v \end{Bmatrix}, \quad \{\bar{\varepsilon}\} = \begin{Bmatrix} \delta \varepsilon_x \\ \delta \varepsilon_y \\ \delta \gamma_{xy} \end{Bmatrix}$$

仮想ひずみは

$$\begin{Bmatrix} \delta \varepsilon_x \\ \delta \varepsilon_y \\ \delta \gamma_{xy} \end{Bmatrix} = \begin{Bmatrix} \dfrac{\partial (\delta u)}{\partial x} \\ \dfrac{\partial (\delta v)}{\partial y} \\ \dfrac{\partial (\delta u)}{\partial y} + \dfrac{\partial (\delta v)}{\partial x} \end{Bmatrix}$$

で与えられる。式 (6.9) を用いれば

$$\{\bar{\varepsilon}\} = [B]\{\bar{\delta}\}_e \quad (6.14)$$

のようになる。

いま，要素 e について考える場合，外力は節点力となるので，式 (6.13) の外力ベクトル，すなわち節点力ベクトルは

$$\{f\}_e = \begin{Bmatrix} f_{xi} \\ f_{xj} \\ f_{xk} \\ f_{yi} \\ f_{yj} \\ f_{yk} \end{Bmatrix} \tag{6.15}$$

である。

式 (6.13) は，式 (6.9)，(6.14) を用いて

$$\begin{aligned}
\{\bar{\delta}\}_e^T \{f\}_e &= t\Delta \{\bar{\varepsilon}\}^T \{\sigma\} \\
&= t\Delta \,([B]\{\bar{\delta}\}_e)^T [D][B]\{\delta\}_e \\
&= \{\bar{\delta}\}_e^T (t\Delta [B]^T [D][B])\{\delta\}_e
\end{aligned} \tag{6.16}$$

のようになる。

ここで，$\{\bar{\delta}\}_e$ は任意量であるから，この任意性に対して式 (6.16) が成立するためには

$$\{f\}_e = (t\Delta [B]^T [D][B])\{\delta\}_e \tag{6.17}$$

が必要となる。

式 (6.17) は要素 e の節点力ベクトル $\{f\}_e$ と節点変位ベクトル $\{\delta\}_e$ の関係である要素剛性に関係していることになる。右辺の $\{\delta\}_e$ の係数を $[K]_e$ とおけば，すなわち

$$[K]_e = t\Delta [B]^T [D][B] \tag{6.18}$$

となり，式 (6.17) は

$$\{f\}_e = [K]_e \{\delta\}_e \tag{6.19}$$

となる。

式 (6.19) は要素剛性方程式である。また $[K]_e$ は**要素剛性マトリックス**と呼ばれる。

要素の節点荷重ベクトル，節点変位ベクトルはそれぞれ式 (6.15) の $\{f\}_e$，式 (6.10) の $\{\delta\}_e$ で与えられるので，要素剛性マトリックスは (6 行 × 6 列) のサイズになり，要素剛性方程式は

$$\begin{Bmatrix} f_{xi} \\ f_{yi} \\ f_{xj} \\ f_{yj} \\ f_{xk} \\ f_{yk} \end{Bmatrix} = \begin{bmatrix} k_{11}^e & k_{12}^e & \cdots & \cdots & \cdots & k_{16}^e \\ k_{21}^e & k_{22}^e & \cdots & \cdots & \cdots & k_{26}^e \\ \vdots & \vdots & & & & \vdots \\ \vdots & \vdots & & & & \vdots \\ \vdots & \vdots & & & & \vdots \\ k_{61}^e & k_{62}^e & \cdots & \cdots & \cdots & k_{66}^e \end{bmatrix} \begin{Bmatrix} u_i \\ v_i \\ u_j \\ v_j \\ u_k \\ v_k \end{Bmatrix} \quad (6.20)$$

となる。

〔4〕 **全体剛性マトリックス**　〔3〕で要素剛性マトリックスが定義されたので，これを全要素について組み合わせれば，**全体剛性マトリックス**を構成することができ，与えられた境界条件のもとで未知変位や未知反力を求めることが可能となる。このようなプロセスを説明するために**図6.4**に示すような2要素（図中の①，②が要素番号）4節点からなる四角形平板問題を例題として用いる。

節点1はx, y方向ともに固定，節点2はy方向に固定，x方向に移動可能であることを示している。負荷荷重は節点3のx, y方向にそれぞれf_x, f_yである。

図6.4 全体剛性マトリックスを求めるための例題（2要素四角形平板問題）

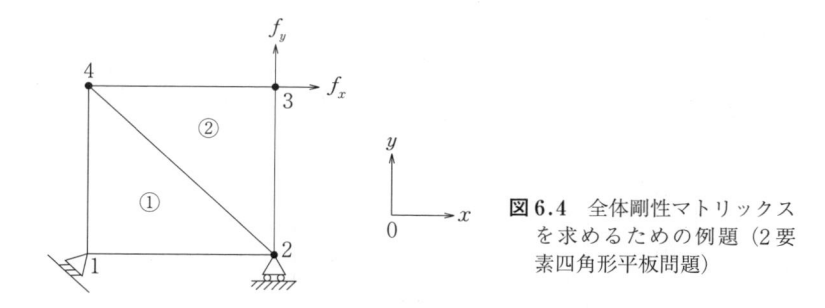

図6.4の節点数は4であり，いま2次元問題を扱っているので，節点の自由度は$4 \times 2 = 8$である。したがって，全体剛性マトリックスの大きさは，式(6.21)に示すような8×8の行列になる。

$$[K] = \begin{bmatrix} k_{11} & k_{12} & \cdots & \cdots & \cdots & \cdots & \cdots & k_{18} \\ k_{21} & k_{22} & \cdots & \cdots & \cdots & \cdots & \cdots & k_{28} \\ \vdots & \vdots & & & & & & \vdots \\ \vdots & \vdots & & & & & & \vdots \\ \vdots & \vdots & & & & & & \vdots \\ \vdots & \vdots & & & & & & \vdots \\ \vdots & \vdots & & & & & & \vdots \\ k_{81} & k_{82} & \cdots & \cdots & \cdots & \cdots & \cdots & k_{88} \end{bmatrix} \tag{6.21}$$

全体の節点力ベクトル $\{f\}$ と節点変位ベクトル $\{\delta\}$ は,式 (6.22) のようになる。

$$\{f\} = \begin{Bmatrix} f_{x1} \\ f_{y1} \\ f_{x2} \\ f_{y2} \\ f_{x3} \\ f_{y3} \\ f_{x4} \\ f_{y4} \end{Bmatrix}, \quad \{\delta\} = \begin{Bmatrix} u_1 \\ v_1 \\ u_2 \\ v_2 \\ u_3 \\ v_3 \\ u_4 \\ v_4 \end{Bmatrix} \tag{6.22}$$

式 (6.22) の右辺に実際の問題 (図 6.4) の条件を入力すると,式 (6.23) のようになる。

$$\{f\} = \begin{Bmatrix} f_{x1} \\ f_{y1} \\ f_{x2} \\ f_{y2} \\ f_{x3} \\ f_{y3} \\ f_{x4} \\ f_{y4} \end{Bmatrix} = \begin{Bmatrix} f_{x1} \\ f_{y1} \\ 0 \\ f_{y2} \\ f_x \\ f_y \\ 0 \\ 0 \end{Bmatrix}, \quad \{\delta\} = \begin{Bmatrix} u_1 \\ v_1 \\ u_2 \\ v_2 \\ u_3 \\ v_3 \\ u_4 \\ v_4 \end{Bmatrix} = \begin{Bmatrix} 0 \\ 0 \\ u_2 \\ 0 \\ u_3 \\ v_3 \\ u_4 \\ v_4 \end{Bmatrix} \tag{6.23}$$

6.3 弾性体の解析

式 (6.20), 式 (6.23) を用いると, 全体剛性方程式は

$$\begin{Bmatrix} f_{x1} \\ f_{y1} \\ 0 \\ f_{y2} \\ f_x \\ f_y \\ 0 \\ 0 \end{Bmatrix} = \begin{bmatrix} k_{11}^{①} & k_{12}^{①} & k_{13}^{①} & k_{14}^{①} & 0 & 0 & k_{17}^{①} & k_{18}^{①} \\ k_{21}^{①} & k_{22}^{①} & k_{23}^{①} & k_{24}^{①} & 0 & 0 & k_{27}^{①} & k_{28}^{①} \\ k_{31}^{①} & k_{32}^{①} & k_{33}^{①}+k_{33}^{②} & k_{34}^{①}+k_{34}^{②} & k_{35}^{②} & k_{36}^{②} & k_{37}^{①}+k_{37}^{②} & k_{38}^{①}+k_{38}^{②} \\ k_{41}^{①} & k_{42}^{①} & k_{43}^{①}+k_{43}^{②} & k_{44}^{①}+k_{44}^{②} & k_{45}^{②} & k_{46}^{②} & k_{47}^{①}+k_{47}^{②} & k_{48}^{①}+k_{48}^{②} \\ 0 & 0 & k_{53}^{②} & k_{54}^{②} & k_{55}^{②} & k_{56}^{②} & k_{57}^{②} & k_{58}^{②} \\ 0 & 0 & k_{63}^{②} & k_{64}^{②} & k_{65}^{②} & k_{66}^{②} & k_{67}^{②} & k_{68}^{②} \\ k_{71}^{①} & k_{72}^{①} & k_{73}^{①}+k_{73}^{②} & k_{74}^{①}+k_{74}^{②} & k_{75}^{②} & k_{76}^{②} & k_{77}^{①}+k_{77}^{②} & k_{78}^{①}+k_{78}^{②} \\ k_{81}^{①} & k_{82}^{①} & k_{83}^{①}+k_{83}^{②} & k_{84}^{①}+k_{84}^{②} & k_{85}^{②} & k_{86}^{②} & k_{87}^{①}+k_{87}^{②} & k_{88}^{①}+k_{88}^{②} \end{bmatrix} \begin{Bmatrix} 0 \\ 0 \\ u_2 \\ 0 \\ u_3 \\ v_3 \\ u_4 \\ v_4 \end{Bmatrix}$$

(6.24)

となる。ここで，剛性マトリックスの右肩の①，②は要素番号である。

上の式 (6.24) を

$$\begin{Bmatrix} f_{x1} \\ f_{y1} \\ 0 \\ f_{y2} \\ f_x \\ f_y \\ 0 \\ 0 \end{Bmatrix} = \begin{bmatrix} k_{11} & k_{12} & \cdots & \cdots & \cdots & \cdots & \cdots & k_{18} \\ k_{21} & k_{22} & \cdots & \cdots & \cdots & \cdots & \cdots & k_{28} \\ \vdots & \vdots & & & & & & \vdots \\ \vdots & \vdots & & & & & & \vdots \\ \vdots & \vdots & & & & & & \vdots \\ \vdots & \vdots & & & & & & \vdots \\ \vdots & \vdots & & & & & & \vdots \\ k_{81} & k_{82} & \cdots & \cdots & \cdots & \cdots & \cdots & k_{88} \end{bmatrix} \begin{Bmatrix} 0 \\ 0 \\ u_2 \\ 0 \\ u_3 \\ v_3 \\ u_4 \\ v_4 \end{Bmatrix}$$

(6.25)

のように書き換えておく。

式 (6.25) に対して，右辺の節点変位ベクトルの成分が 0 でない部分を成分が 0 の部分（拘束節点に対応）より上に詰める形で，全体剛性マトリックスと節点力ベクトルの行と列を並び替えると，式 (6.26) を得る。式 (6.26) のベクトルや行列には，拘束節点のグループと拘束されていない節点のグループの境い目，およびそれに対応した部分がわかるように点線を入れた。

6. 設計と解析

$$\begin{Bmatrix} 0 \\ f_x \\ f_y \\ 0 \\ 0 \\ f_{x1} \\ f_{y1} \\ f_{y2} \end{Bmatrix} = \begin{bmatrix} k_{33} & k_{35} & k_{36} & k_{37} & k_{38} & k_{31} & k_{32} & k_{34} \\ k_{53} & k_{55} & k_{56} & k_{57} & k_{58} & k_{51} & k_{52} & k_{54} \\ k_{63} & k_{65} & k_{66} & k_{67} & k_{68} & k_{61} & k_{62} & k_{64} \\ k_{73} & k_{75} & k_{76} & k_{77} & k_{78} & k_{71} & k_{72} & k_{74} \\ k_{83} & k_{85} & k_{86} & k_{87} & k_{88} & k_{81} & k_{82} & k_{84} \\ \hdashline k_{13} & k_{15} & k_{16} & k_{17} & k_{18} & k_{11} & k_{12} & k_{14} \\ k_{23} & k_{25} & k_{26} & k_{27} & k_{28} & k_{21} & k_{22} & k_{24} \\ k_{43} & k_{45} & k_{46} & k_{47} & k_{48} & k_{41} & k_{42} & k_{44} \end{bmatrix} \begin{Bmatrix} u_2 \\ u_3 \\ v_3 \\ u_4 \\ v_4 \\ 0 \\ 0 \\ 0 \end{Bmatrix} \quad (6.26)$$

式 (6.26) を各グループに対応した部分マトリックスとして書き換えたものが式 (6.27) である.

$$\begin{Bmatrix} f_A \\ f_B \end{Bmatrix} = \begin{bmatrix} K_{AA} & K_{AB} \\ K_{BA} & K_{BB} \end{bmatrix} \begin{Bmatrix} \delta_A \\ 0 \end{Bmatrix} \quad (6.27)$$

式 (6.26) または式 (6.27) より

$$\begin{Bmatrix} 0 \\ f_x \\ f_y \\ 0 \\ 0 \end{Bmatrix} = [K_{AA}] \begin{Bmatrix} u_2 \\ u_3 \\ v_3 \\ u_4 \\ v_4 \end{Bmatrix} \text{ または } \{f_A\} = [K_{AA}]\{\delta_A\} \quad (6.28)$$

$$\begin{Bmatrix} f_{x1} \\ f_{y1} \\ f_{y2} \end{Bmatrix} = [K_{BA}] \begin{Bmatrix} u_2 \\ u_3 \\ v_3 \\ u_4 \\ v_4 \end{Bmatrix} \text{ または } \{f_B\} = [K_{BA}]\{\delta_A\} \quad (6.29)$$

を得る.

　式 (6.28) の $\{f_A\}$ は既知量なので, 式 (6.28) を解くと未知節点変位 $\{\delta_A\}$ が式 (6.30) のように求められる.

$$\{\delta_A\} = [K_{AA}]^{-1}\{f_A\} \quad (6.30)$$

　式 (6.30) を式 (6.29) に代入すれば未知節点反力 $\{f_B\}$ が式 (6.31) のよ

6.3 弾性体の解析　　*141*

うに得られる。

$$\{f_B\} = [K_{BA}][K_{AA}]^{-1}\{f_A\} \tag{6.31}$$

したがって，式（6.9）より要素のひずみが求められ，その結果を用いて式（6.11）より要素の応力が求められることになる。

6.3.2　有限要素法解析例

〔1〕　2次元解析例　　6.3.1項の理論の適用例として，2次元弾性平板の解析例を以下に示す。課題は，**図6.5**に示す円孔の応力集中問題で，応力集中係数 α が要素分割によってどのような影響を受けるかを示す。

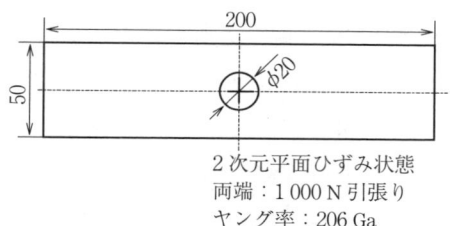

```
            200
  ┌─────────────────────┐
50│        ⊘20          │
  │         ○           │
  └─────────────────────┘
       2次元平面ひずみ状態
       両端：1 000 N 引張り
       ヤング率：206 Ga      図6.5　円孔の応力集中問題
       ポアソン比：0.3
```

図 6.5 に示す寸法の円孔入り板材〔材料定数（ヤング率：206 Ga，ポアソン比：0.3）〕の両端に 1 000 N の引張荷重が負荷した場合について，平面ひずみ状態を仮定して解析した。解析ソフトウェアは文献2）に解説されている「三角形要素を用いた平面弾性問題の有限要素法解析（ver. 1.0.3）」である。

図 6.5 の問題に対して，分割数を 5 段階に増加させ応力集中係数の収束状況を見た。5 段階の分割数は

（ケース1）　節点数： 33，　要素数：　 40
（ケース2）　節点数： 60，　要素数：　 84
（ケース3）　節点数：248，　要素数：　420
（ケース4）　節点数：380，　要素数：　666
（ケース5）　節点数：945，　要素数：1 736

である。代表的要素分割図として（ケース1）と（ケース5）の場合を**図6.6**

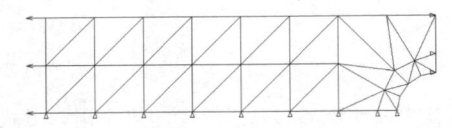

(a)（ケース1）節点数：33，要素数：40

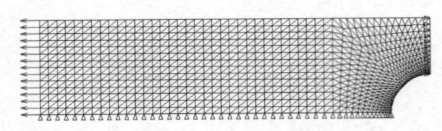

(b)（ケース5）節点数：945，要素数：1 736

図6.6 要素分割例〔（ケース1）と（ケース5）の場合〕

に示す。計算結果として，**応力集中係数**を円孔底の最大応力と負荷応力 σ_0（定義式は**図6.7**の図中の式）の比として求めた。図6.7は有限幅で長さの長い板材に孔のある場合の応力集中係数の解析的な解[3]である。

今回の計算の場合は，図6.7の定義によれば $a/b = 0.4$ であり，図より α は2.25と読める。この解に対して今回の計算結果を示したのが**図6.8**である。節点数の増加とともに α の値は解析解に近づいていく様子がわかる。（ケース5）の節点数945で $\alpha = 2.17$ であった。なお，**図6.9**は今回の計算解による全体的応力分布を示している。

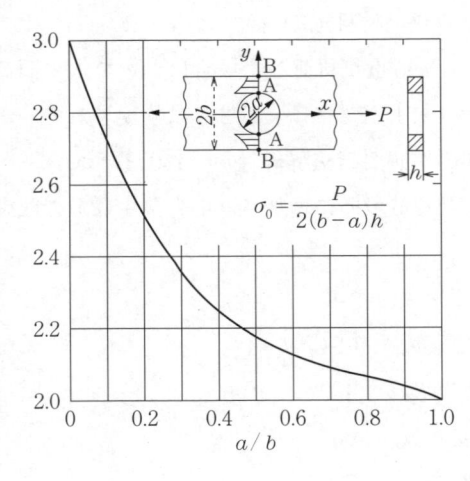

$$\sigma_0 = \frac{P}{2(b-a)h}$$

図6.7 応力集中係数の解析的解

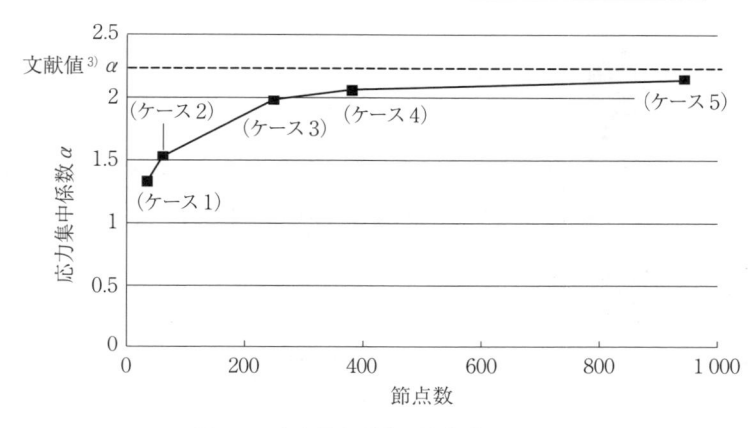

図 6.8 応力集中係数と節点数との関係

図 6.9 全体の応力分布

〔2〕 **3次元解析例**　3次元解析は本章の解析の説明範囲を越えているが，解析の様子を示す意味で一つの解析例を紹介する。解析理論の基本は2次元の場合と同じである。**図 6.10** に3次元解析例を，**図 6.11** に3次元の要素分割を，**図 6.12** に3次元解析結果（Mises の相当応力分布とたわみ変位分布）をそれぞれ示す。要素の種類は放物型四面体要素（三角すいのような四面体で，稜線の中間にも節点がある要素），要素数は 9 647（節点数は 15 951）である。拘束条件としては，左側の垂直外側側面部分を完全拘束とした。なお，解析に用いたソフトウェアは COCMOSWorks2007 である。

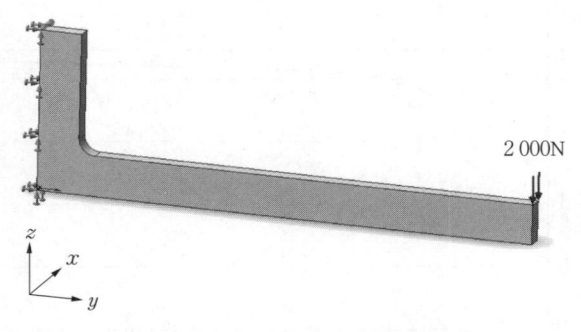

図 6.10 3次元解析例

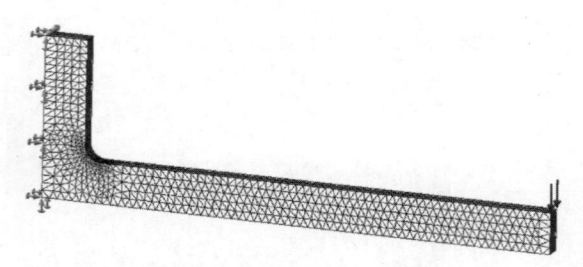

図 6.11 3次元解析の要素分割(要素数 9 647)

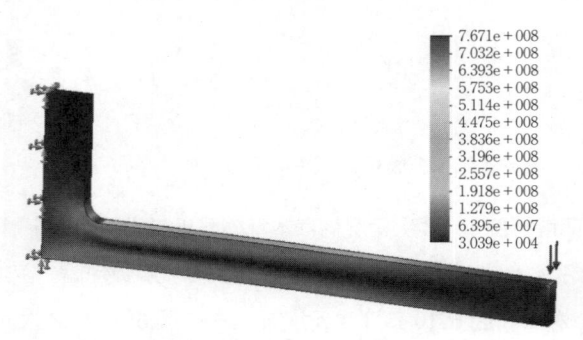

図 6.12 3次元解析結果(Mises の相当応力分布と
たわみ変位分布)

7

設計と機械加工

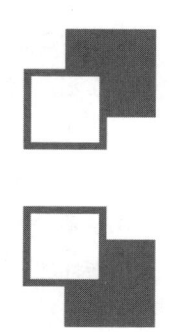

7.1 設計プロセスと機械加工

　設計プロセスの詳細設計段階では，初期設計段階で検討した性能を実現するアイデアを具体化する形状と寸法を決める．その決定には制約条件などさまざまな要因が影響するが，その一つが加工可能性である．つまり加工について検討するのは詳細設計段階になるのが通例である．加工可能性を検討するためには，既存の加工技術に関して以下のことを知っておくことが重要である．

① 加工の種類：どのような形状がどのような加工技術（具体的には工作機械）によって可能であるか．

② 加工の精度：それぞれの加工技術によって，どのような種類の形状精度をどの程度の精密さで実現できるか．指定された形状に対して，おもに公差にも関連して，幾何的精度，寸法精度が実現できるか．

③ これら①，②の部品加工を前提にし，そのうえで製品としての組立可能性と組立後の製品としての形状とその寸法の精度が実現できるか．部品としての形状と寸法の精度が公差の範囲内であっても，それらを組み立てた製品としての精度が，指定した範囲内に収まっているかどうか．部品を組み立てると一般に部品の誤差は積み重なる（プラス側とマイナス側の積み重ねがあるが）．

　以上の①～③を知ったうえで，設計において加工に関して考慮すべき原則的なことは，ア）必要以上の精度を要求しないこと，イ）加工時間を要する設計

は避けること（複雑な形状や高い精度の工作物はコストが高くつき，量産性も悪くなる），ウ）組立てのしやすい部品形状を設計すること，である。

いずれにしても，これらの基本は加工技術について知っていることを前提にしている。表7.1にはおもな加工技術の種類と工作機械を示す。本書は設計に関する書であるので，本章では代表的な加工法（切削加工，研削加工，鋳造，塑性加工）を説明する。それぞれの詳しい内容やその他の加工法については，機械加工の専門書〔文献1〕など〕を参考にしていただきたい。

表7.1　おもな加工の種類と工作機械

加工の種類	工作機械	加工の種類	工作機械
切削加工	旋盤 フライス盤 ボール盤 中ぐり盤 形削り盤 歯切り盤	塑性加工	圧延機 押出し機 曲げ加工機 鍛造機
		放電加工	ワイヤカット放電加工機 形彫り放電加工機
研削加工	研削盤	レーザ加工	レーザ加工機

加工においては**加工精度**も重要である。達成すべき加工精度の製図規則としての表現方法については，設計の観点から第2章で説明した。加工精度の達成方法は加工の種類によっても異なるが，一般的には加工精度は工作機械の剛性，工作機械の主軸軸受けの性能，刃物（含む砥石）の種類・材質，加工条件（切削速度，送り速度，切込み量など），加工室内の環境（温度，湿度，振動など），作業者の熟練度などが影響する。

7.2　機械加工の種類，工作機械

7.2.1　切削加工

切削加工とは，素材から必要のない部分を切り削る加工法であり，除去加工ともいわれている。金属，木材，プラスチックなどの加工を行う。削る対象で

7.2 機械加工の種類, 工作機械

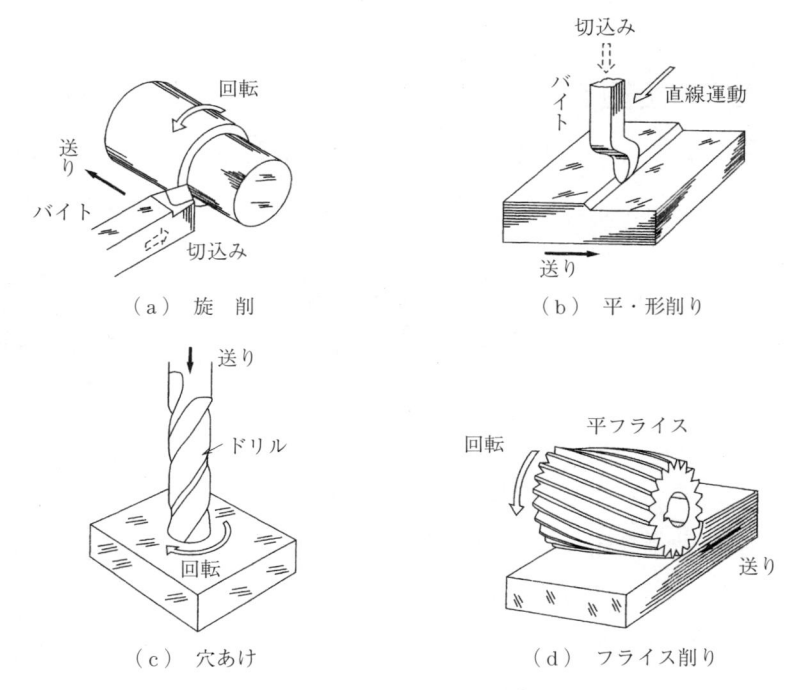

(a) 旋削

(b) 平・形削り

(c) 穴あけ

(d) フライス削り

図 7.1 切削加工の種類[2]

ある工作物を刃物で削るが, 工作物と刃物との運動関係によって①〜⑤のように分類される〔**図 7.1**〕[2]。

① 旋　削：工作物が回転し, その表面に当てた刃物（バイトという）の切込みと送り（回転中心線方向への刃物の移動）によって, 工作物の外周や端面を加工することを基本とする。実際に**図 7.2**[3]（a）〜（g）のような種類がある。

　部材の外周を円柱に加工（丸削り）〔図（a）〕, その外周にテーパをつける加工〔図（b）〕, 段がついた形状〔図（c）〕の段部の端面や円柱の端面の加工, 端面を全体的に削る正面加工〔図（d）〕, 円柱棒を長さ方向の途中で切り落とす加工〔突切り, 図（e）〕, 穴の内周面の加工〔中ぐり：図（f）〕やおねじ切り加工〔図（g）〕など, さまざまな加工が可能

148   7. 設計と機械加工

(a) 丸削り　　(b) テーパ削り　　(c) 端面（段端面）削り　　(d) 正面削り

(e) 突切り　　(f) 中ぐり　　(g) おねじ切り

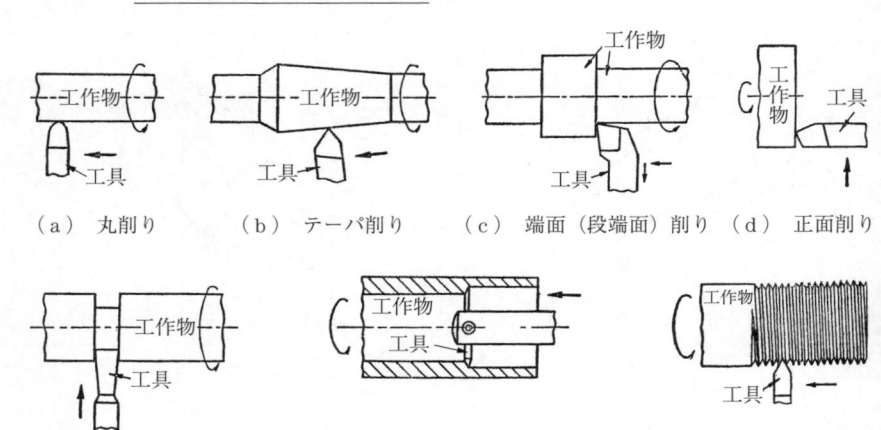

図7.2　旋削の種類[3]

である。これらの加工に使用される工作機械は旋盤であり，その図を**図7.3**[4]に，写真を**図7.4**（a）に示す。

② 平削り：切削加工の二つ目〔図7.1（b）〕である。刃物（バイトという）に一定の切込みを与えた状態で，工作物に直線運動と送り（直線運動の平行方向への移動）を与えて平面状態を削り出す。このための工作機械

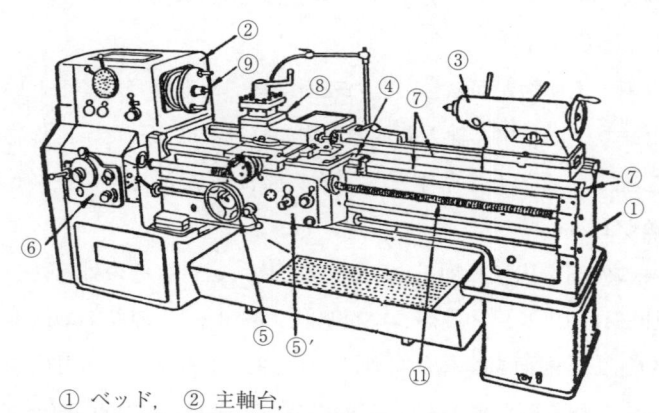

① ベッド，② 主軸台，
③ 心押し台，④ 往復台，⑤ 送り装置，⑥ 操作機構，
⑦ 案　内，⑧ 刃物台，⑨ 主　軸

図7.3　旋　　盤[4]

7.2 機械加工の種類，工作機械　　149

(a) 旋盤（STRONG650：豊和産業）

(b) ボール盤（KU-40：吉良鉄工所）

(c) フライス盤（KSAP：牧野フライス製作所）

(d) 研削盤（PSG-52AN：OKAMOTO）

図 7.4　切削，研削の工作機械

を平削り盤という。

③ 形削り：切削加工の三つ目〔図 7.1（b）〕である。上記②と原理的には同じであるが，工作物のかわりにバイトに直線運動を与える工作機械で，これを形削り盤という。

④ 穴あけ：切削加工の四つ目〔図 7.1（c）〕である。工作物を固定し，ドリルの回転運動とその回転軸方向への送りを用いて穴をあける加工をい

150   7. 設計と機械加工

う。この加工のための工作機械をボール盤という。ボール盤の写真を図7.4（b）に示す。

⑤　フライス削り：切削加工の五つ目〔図7.1（d）〕である。周面，あるいは端面に複数の切れ刃を配列した円筒，円盤，丸棒などの形状の刃物（フライスという）の回転運動により，固定した工作物の表面を削って平面を削り出す。この加工のための工作機械をフライス盤〔図7.4（c）〕といい，回転運動の主軸と工作物を固定するテーブル面との位置関係から，横フライス盤と縦フライス盤がある。

7.2.2　研　削　加　工

　高速回転する砥石の砥粒により工作物の表面を少しずつ削り，切削加工より精度の高い部品を工作する加工法を**研削加工**という。工作物の表面粗さも優れている。研削加工を行う工作機械を研削盤〔（図7.4（d）〕というが，平面，円筒外面，円筒内面など研削の目的に合わせた研削盤を用いることになる。

　加工の精度は，工作物の形状や材質に応じた砥石の性能〔砥粒の種類，粒度（砥粒の大きさ），砥粒の結合材，結合度および組織（粗密）〕にも依存している。砥粒の結合度は工作物の材質の硬さに影響を与え，一般的には工作物が硬いほど砥粒の結合度は緩いものを選ぶ。また，仕上げ面の粗さを細かくするためには粒度が細かく，組織は密な砥石を選択する。

　代表的な研削加工には以下の3種類がある。

〔1〕　**平　面　研　削**　　工作物の平面を削り出す加工で，**図7.5**に示すように砥石の（a）円筒外周面と（b）端面を利用する2種類の方法がある。外周面研削は砥粒と工作物の接触は短時間で削り取られる大きさも小さく，熱の発生も少なく，研削精度は高い。端面研削は砥粒と工作物の接触距離は長く，削り取られる厚さが砥粒によらず一定のため，熱の発生も大きいので回転速度は低くする必要がある。

〔2〕　**円筒外面研削**　　単に円筒研削（**図7.6**）ともいう。回転する工作物の外周面に回転砥石を当て，切込みと送りを行って外周面を研削する。このよ

(a) 砥石の外周面による研削

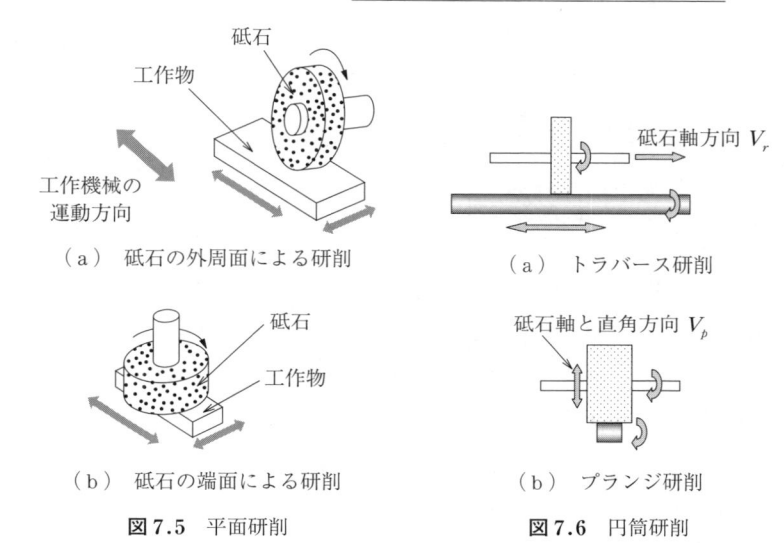

(b) 砥石の端面による研削

図 7.5 平面研削

(a) トラバース研削

(b) プランジ研削

図 7.6 円筒研削

うな加工に使用される工作機械を円筒研削盤という。砥石と工作物のそれぞれの移動方向の関係によって，トラバース研削とプランジ研削がある。

トラバース研削〔図（a）〕は，砥石軸の軸方向（V_r）に砥石を移動させる研削をいい，プランジ研削〔図（b）〕は，砥石軸の軸方向と直角の方向（V_p）だけに砥石を移動させる研削である。砥石軸の移動と工作物の移動の関係は相対的であり，どちらを移動させるかは工作機械の種類や工作物のサイズによる。大きい工作物の場合は重量も大きくなり，一般には工作物を固定し，砥石軸を移動させる。外周が大きく，相対的に薄い工作物の円筒部分の研削の場合のように，砥石の幅が工作物の研削面より大きい場合などではプランジ研削がとられる。

〔3〕**内面研削**　穴の内周面を研削する加工を内面研削（**図7.7**）といい，そのための工作機械を内面研削盤という。通常の内面研削盤では工作物を回転させ，砥石に回転と穴の深さ方向の送りを与えながら研削を行う。一般的には砥石の径は小さく，砥石軸は細く長くなることがあるので，その軸については高剛性，高回転数が望まれる。

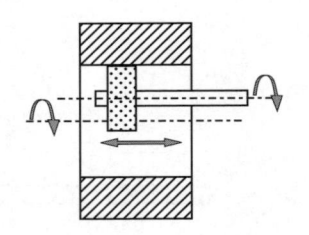

図7.7 内面研削

7.2.3 鋳造加工

鋳造は，鋳型のなかの空洞に溶融した金属〔「溶湯」，あるいは「湯」などという〕を流し込み，凝固させた後に鋳型を外すことにより製品としての鋳物を得る方法である。**鋳造加工**には以下のような特徴がある[5]。

① 切削や鍛造など金属の機械加工で製作するのが困難な加工品の製作が可能である。
② 大型なもの，複雑な形状のものも製作しやすい。
③ 剛性は高く，耐摩耗性，振動の減衰性はよい。
④ 圧縮には強いが，引張りに弱い。靭性は低い。
⑤ 精度や内部の均質性に欠ける場合がある。

代表的な鋳型には砂型と金型があるが，いわば製品の雌型(めす)である。金型は製品データから直接的に機械加工によって作成する。

〔1〕**砂型鋳造** 砂型は製品の模型（原型ともいう）を製作し，その周りの砂（実際には砂と粘結剤を混ぜたもの）を突き棒で突き固め，その後に模型を除くことで製作する。模型の素材は木やアルミニウム合金などの材料である。

図7.8に**砂型鋳造**のプロセス[6]を示す。

製品の形の下側に対応した模型（下木型）を定盤に置き，型枠で周囲を囲い，すき間に砂を入れて突き固める〔図（a）〕。

下木型を取り出し，逆さにすると下砂型になる〔図（b）〕。

同様に模型の上側（上木型）を用いて上砂型を製作する。その際，上側には溶湯の注ぎ口，ガス抜き穴のために対応する寸法の棒を上木型に達するように

7.2 機械加工の種類，工作機械

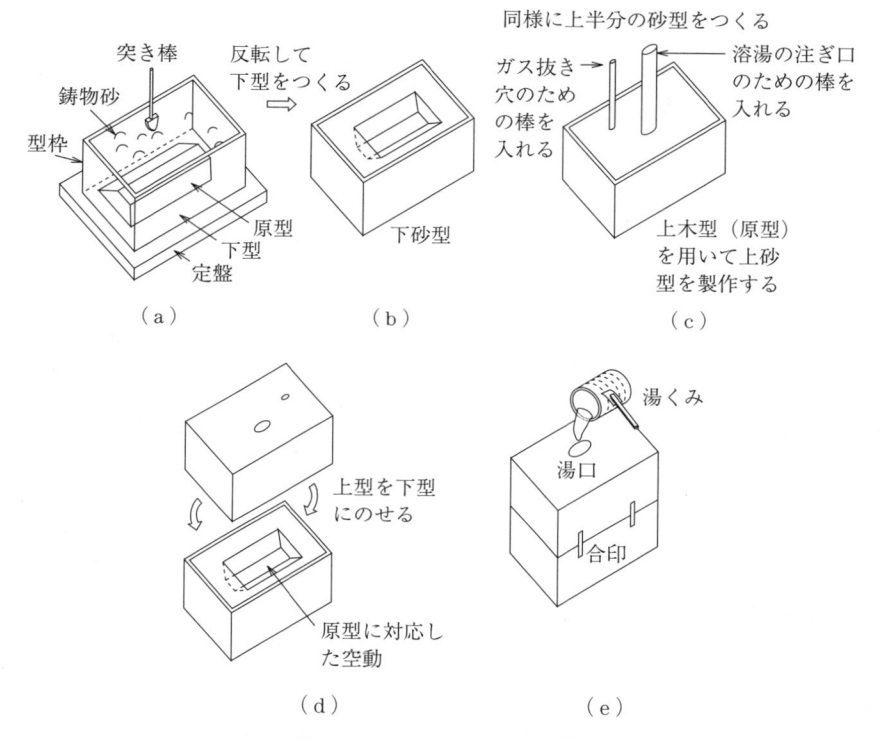

図7.8 砂型鋳造のプロセス[6]

配置する〔図（c）〕。

上砂型，下砂型を合わせ，湯口から溶解した金属（溶湯）を注ぎ（鋳込みという）〔図（d），（e）〕，

凝固後，型枠を外し，砂型を除去し，製品を取り出す。湯口などの不要部分を切り取り，整形すると鋳物が完成する。

模型の寸法検討では以下の①～④について考慮することが必要である。

① 溶融金属は凝固する際に収縮するので，この収縮分（縮み代）を模型設計の際に考慮する。

② 鋳型から得られた鋳物を切削などにより最終製品としての寸法に仕上げる必要がある。この仕上げのための寸法分（仕上げ代）を考慮する。

③ 砂型から模型を容易に抜き取るために模型にこう配（抜き代）をつけておく必要がある。

④ 溶湯の流動性の悪さから湯回り不良や湯境い（複数方向からの湯回りの合流面）を起こさないように，模型の形状や薄肉部には注意が必要である。特に肉厚に関しては最小肉厚が決められている[7]。

〔2〕 **ダイカスト**　　溶融した金属を精密に機械加工した金型に高圧，高速で注入する方法である。高圧のゆえに薄肉部にも充てんが可能となる。生産性も高いので，大量生産向きである。金型は耐熱鋼が用いられる。**ダイカスト**による鋳物はダイカストマシンで製作される。原材料であるダイカスト用合金には，一般的にはアルミニウム合金，亜鉛合金，マグネシウム合金など比較的融点の低い金属に適用される。ダイカスト製品のつくり方の概念図を**図7.9**に示す[8]。閉じた金型に溶融金属を高圧で流し込み〔図（a），（b）〕，凝固後，金型を分離し〔図（c）〕，製品を金型から取り出す〔図（d）〕。適用事例には，自動車用のエンジン，トランスミッション，家電製品や事務用品の各種部品など，さまざまである。

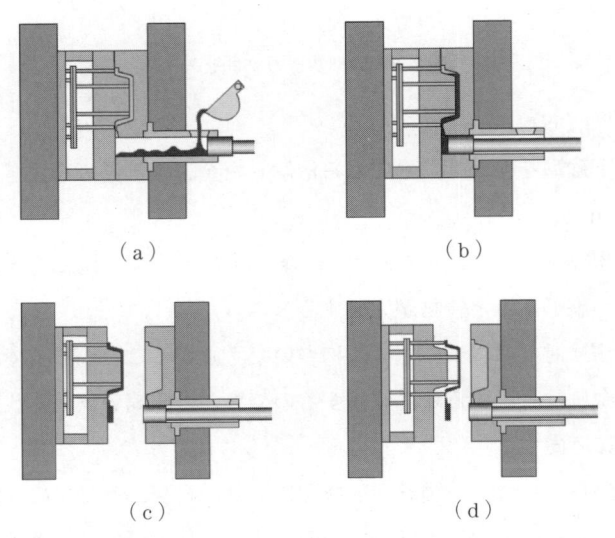

（a）　　　　　　　　　（b）

（c）　　　　　　　　　（d）

図7.9　ダイカスト製品のつくり方のの概念図[8]

7.2.4 塑性加工

金属系素材のもつ特性である塑性（圧縮，引張り，曲げ，ねじり，せん断）を利用し，工作物の一部，あるいは全体に塑性変形を与えて，成型，結合，高強度化などを行う技術を**塑性加工**という。塑性では圧縮，引張り，曲げ，ねじり，せん断とこれらの組合せによる荷重によりそれぞれの変形が永久的に起きるので，この現象を用いて製品の形状，寸法，強度などを目的の状態にすることになる。この現象は，塑性変形現象自体がそうであるように，採用する材料の種類，組織，加工時の温度，加工の速度，工具の種類などに大きく影響を受ける。

塑性加工はその作業方法の種類により，おもに押出し，圧延，引抜き，鍛造，曲げ，プレスなどの各加工に分類できる。各加工に関する詳細は専門書〔例えば文献9）〕を参照してほしい。

7.2.5 鍛造加工

鍛造加工には熱間鍛造と冷間鍛造の2種類がある。工作物の素材の再結晶温度より高温状態で成形するのが前者である。高温であるため変形抵抗は少ない。再結晶温度より低い常温で成形するのが後者であり，一般に製品の形状や寸法の精度が熱間鍛造に比べてよいとされている。冷間鍛造用材料とおもな製品を**表7.2**[10]にあげる。

鍛造加工にはその作業方法の違いから，自由鍛造と型鍛造の2種類がある。

自由鍛造は，熱間に加熱した工作物を治具などにセットし，空気圧ハンマや液圧プレスなどで成形加工する方法である。加工による形状変化を伴う作業形態の種類は，棒材の鍛伸鍛造，板材の展伸鍛造，中空材の中空鍛造などである（**図7.10**）[11]。加工中に加熱を繰り返すことが一般的である。自由鍛造では鍛伸などの繰返しによる大きな加工ひずみを付与することにより，工作物の組織を密にするとともに，加熱過程で粗大化する素材組織を破壊，あるいは延伸化し，あるいは内部欠陥を圧着するなどをして工作物の強度を増すことも可能となる。一般に自由鍛造は少量生産に向いている。適用例としては発電機軸，圧

表7.2 冷間鍛造用材料とおもな製品[10]

材　料	製　品　例
鉛，すずとその合金	各種チューブ容器
亜鉛とその合金	乾電池電極（外径 10～50 mm，最小壁厚 0.3～0.5 mm）
アルミニウムとその合金　A 1050, 1070, 1100, 1200, A 5052, 3003, 6061, A 2014, 2017, 2024, 2117, 7075	各種チューブ，食品容器，ラジオコンデンサ，シールディングポット（純アルミニウム最小壁厚 0.1 mm，耐食アルミニウム合金 1.6 mm），リベット，カメラ，電器，航空機，紡績機部品
銅とその合金　CuBE, W1, 2, BsW1～3S, W1～3, NsW4, PbBsW2, <0.8% Sn 青銅, <3.5% Si 青銅, <2.5% Be 青銅	ビス，ナット，電器部品，時計，カメラ部品，食器，貨幣，メダル
鋼　SS34, 41, S10～50C, S9, 15CK, SCr2, 3, 4, 21, 22, SCM2, 3, 4, 21, 22, SNC1, 2, SNCM3～8, SUJ1, 2, SUS24, 27, 28, 32, 38, 44, 51, 53	ボルト，ナット，軸受ボール，ローラ，レース，歯車，ギヤブランク，カム，ピン，レバー，ラチェット，キャップ，ブシュ，シリンダ，管継手，段付き軸，スプライン軸など車両，電気機器，精密機器，事務機器部品，食器，紡績機，農耕機部品，圧力容器，薬きょう
マグネシウムとその合金	乾電池電極（外径 10～30 mm，高さ 25～150 mm）
チタンとその合金	航空機部品
ニッケルとその合金	電器部品
貴金属とその合金	装飾品，電気接点

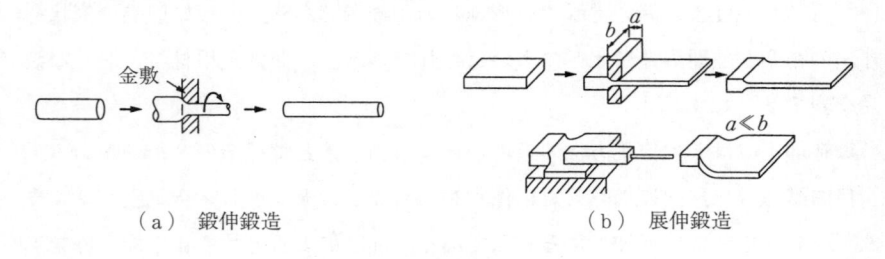

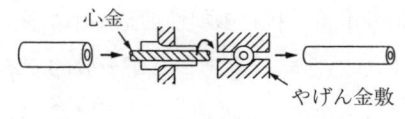

（a）鍛伸鍛造

（b）展伸鍛造

（c）中空鍛造

図7.10　自由鍛造の作業形態（代表例）[11]

7.2 機械加工の種類,工作機械　　*157*

延ロール,削岩機部品など大型製品にも多い。

型鍛造は,上下に分割された金型(雌型)の間に工作物を置き,高圧により金型形状に倣うように塑性変形を起こさせて成形する。その際,金型による工作物の素材に対する密閉性から,開放型,半密閉型,密閉型などがある(**図7.11**[12])。後者ほどバリは少なく,形状精度も上がるが,製造時の加工圧力は大きくなり,製造機に対する条件も厳しくなる。

適用例としては産業機械用(ベアリングレース,チェーンなど),コンロッド,クランク軸,自動車用クランク,ギヤ類など肉厚が大きく,強度の必要な部品へ適用されている。

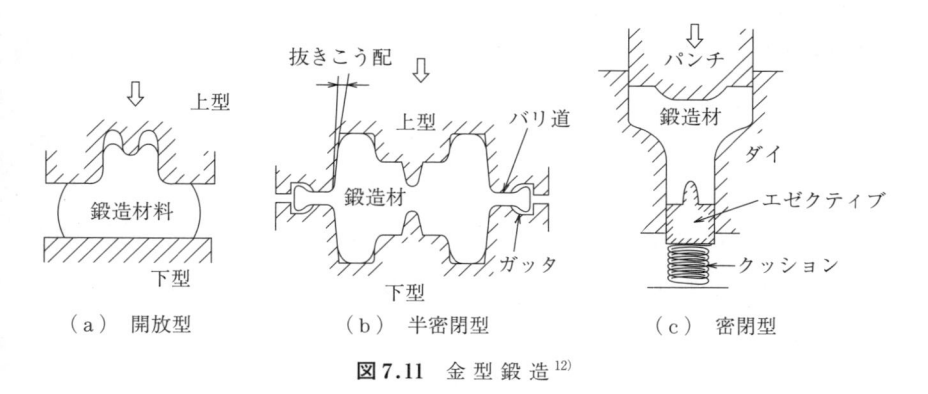

(a) 開放型　　(b) 半密閉型　　(c) 密閉型

図7.11　金型鍛造[12]

7.2.6　押出し加工

押出し加工の概念図を**図7.12**に示す。コンテナ内に挿入した素材(ビレットという)の一方の端部をステムなどにより加圧し,他方にセットしたダイス孔から押出す〔図(a):直接押出し〕。逆にステムを固定し,ダイスにより加圧する方法もある〔図(b):間接押出し〕。ダイス孔の形を変えることで,棒材,形材,管材などの一定断面をもつ長さの長い製品を製作する加工法である。熱間(アルミニウム合金であれば400〜500℃)で加工されることが一般的である。適用素材としてはアルミニウムや銅およびそれらの合金などである。品質的には,長尺製品が多いので材質の均質性,形状精度,表面性状,管

158　　7. 設計と機械加工

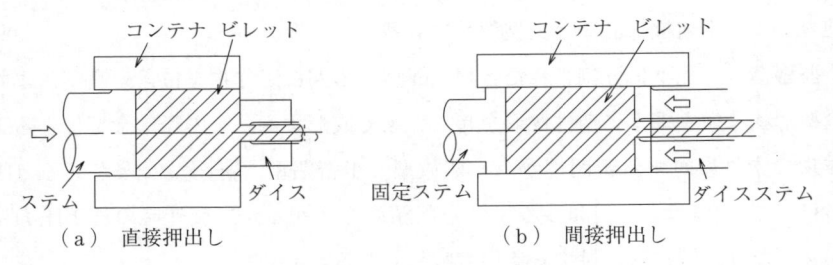

図 7.12　押出し加工の概念図

(a) 直接押出し
(b) 間接押出し

材では偏肉性などに注意が必要である。

7.2.7　引 抜 き 加 工

引抜き加工は，素材を一般的には室温でダイスの狭い孔を通して引っ張って引抜く加工であり，ダイスと素材の間の圧縮力による塑性変形を用いた加工である（**図 7.13**）。素材としては押出し材を用いることが多い。棒材，管材，線材を製作する。管材の場合は，管材を用いてその径を小さくする方法（空引き）と心金といわれる芯材を挿入して引く方法（心金引き）などがある（**図 7.14**）。品質的には，寸法精度，表面性状，機械的性質のよさおよび長尺材が得られることが指摘されている。

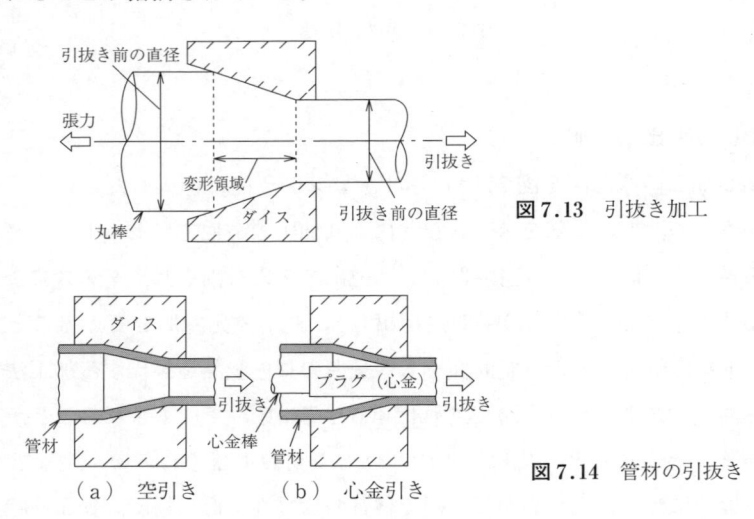

図 7.13　引抜き加工

図 7.14　管材の引抜き

(a) 空引き
(b) 心金引き

7.2.8 圧延加工

圧延加工とは，常温または高温（金属の再結晶温度以上）の素材を回転する2本のロールの間を通すことによって，断面積を減少させて所定の形状，寸法にする加工をいう（**図7.15**）。常温の場合を冷間圧延，高温の場合を熱間圧延という。製品としては板材，棒材，レール，線材，型材などがある。型材の例を図（b）に示す。

（a）平板　　（b）型材[13]　　**図7.15** 圧延加工

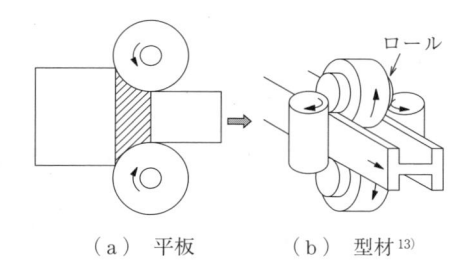

圧延に影響する因子としては**表7.3**[14]にあげるように，材料因子，幾何因子（ロールや圧延前の素材の形状と寸法，加工機の剛性）および外的因子（素材に対する張力，速度，摩擦，ロール表面性状）が影響する。ロールの数と配

表7.3 圧延加工に関する影響因子[14]

特性	因子	
圧延特性	材料因子	加工硬化性 ひずみ速度依存性 温度依存性
	幾何学的因子	ロール径 圧延前の板厚 圧延後の板厚 圧延前の板幅 圧延後の板幅 圧延機関係の剛性
	外的因子	前方張力 後方張力 圧延速度 ロールと材料の間の摩擦 圧延材料の温度 ロール材質とその表面の性質

置によりさまざまな圧延方式（圧延機の種類）がある。圧延機を複数，連続的に配置して圧延を行う方式は連続圧延という。

7.2.9 プレス加工

おもに板材を1対の組み合わさった工具（金型）の間にセットし，強い力（成形荷重）で板材を工具の形に成形する加工を**プレス加工**という。加圧する機械をプレス機械という。素材の塑性変形を利用し，金型の形状によって立体的に変形させる。素材としては鋼板，アルミニウム板など多くの金属板が対象となる。製品としては自動車，電気・電子部品，船舶など多種類の部品群に適用されている。曲げ加工，せん断加工，絞り加工などの塑性加工もプレス加工に含めることもある。

7.2.10 曲 げ 加 工

金属素材の塑性変形性を利用して，板材を曲げ型（ポンチとダイスやロールなど）に当て，プレス機械やハンマなどにより荷重を負荷し，板材を曲げ変形させる加工を**曲げ加工**という。曲げ加工のおもな種類を図 7.16 [15] に示す。図（a）は材料を固定し，ポンチとダイスによる直線曲げ，図（b）は設計された型に対応するポンチとダイスにより，板材を突き込んで曲げる突き曲げ，図（c）はロールを用いて板材を曲げる送り曲げ，図（d）はV字の谷型と山型のついたロールの間に板材を通して，ロールの型を形成する曲げ加工である。

曲げ加工中に与えた曲げ変形には，変形量の成分として大部分の塑性変形と少しの弾性変形分が含まれる。したがって，荷重を除荷後あるいはロール通過後には弾性成分の変形の戻りが発生する。これをスプリングバックという。製品の設計にあたっては，スプリングバック分を考慮しておくことが必要である。

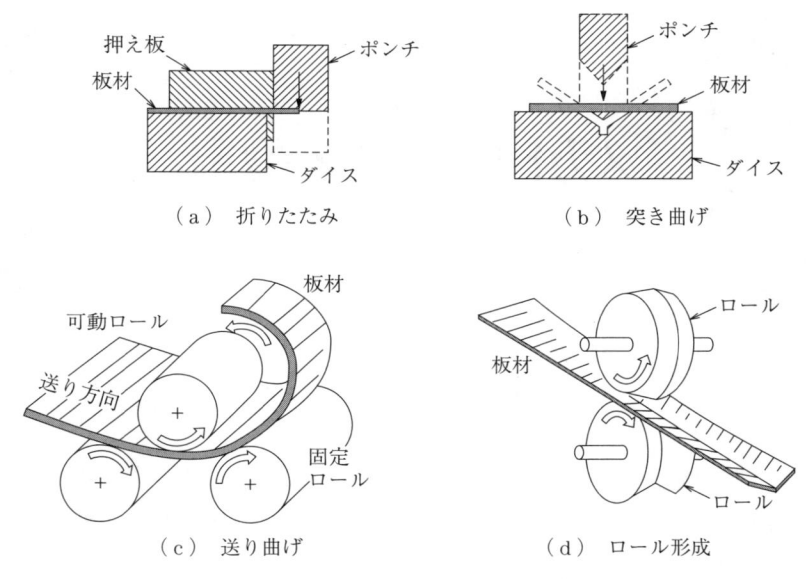

7.2 機械加工の種類，工作機械　　*161*

（a）折りたたみ

（b）突き曲げ

（c）送り曲げ

（d）ロール形成

図 7.16　曲げ加工のおもな種類[15]

8

メカトロニクス設計

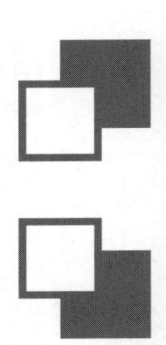

8.1 はじめに

　機械工学の発展段階において，18世紀にイギリスで発生した産業革命以降，大量の製品をつくり出すための機構が多数発明され，工場などの現場で実用化されてきている．それら機構・装置の改良は継続的に実施されて，例えば，より速く繊維を編み上げる紡績機械の実現や，より効率的に物資を運搬できる船舶や汽車などの交通機関の発展などをもたらしてきた．

　この結果，ヨーロッパ，アメリカを中心としての各種の製品の大量生産を実現することに貢献してきた．

　さらに，20世紀の初頭からの電気利用の技術導入が活発化するに従って，電動機を組み込んだ機構による高速運動の実限で，全世界レベルでの大量生産時代へと突入した．しかし，当時は機構の動作を精密に制御するには，機械自体に内蔵する各種の機構（例えば，歯車，カム機構など）を利用していた．

　しかし，二つの世界大戦を人類が経験していた時期に，科学技術は目覚ましく発展する基礎を築いていた．例えば，電気系の発展に限っても，真空管を用いたより高出力の通信システム，レーダ装置，さらには，真空管を組み合わせてつくり上げた電動式の計算機，撮像管を利用したテレビや，シリコンなどを材料として利用した半導体の基礎研究などの多数の研究開発が進められた．第二次世界大戦が終了した1940年代の中頃以降は，これら研究の開発成果が，各種の製造産業で利用されることになった．

8.1 はじめに

　つまり，産業用の機械が，従来の単なる機構の組合せでつくり上げられたシステムであったものから，電気を利用した技術，例えば電動機の回転数制御，回転数を従来に比較してより正確に計測するセンサの導入，さらに回転数データから物体の位置を計算する制御などの開発により，アメリカをはじめとする先進諸国での生産能力が飛躍的にアップすることで，世界市場を対象とする多数の製品の大量生産が可能な時代を実現することとなった．

　さらに電気・電子技術の発展，半導体など電子機器を利用する研究の進展によって，さらに精度の高いセンサ（回転計など）を小型で軽量かつ安価に入手できることとなって，多数の位置・場所における計測が可能となり，機構の動作管理の精度を飛躍的に高くすることが可能となった．

　従来は精度の高い機構を組み合わせていた工作機械（旋盤，フライス盤，研削盤など）に比較的単純な数値制御を導入して，センサ情報に基づく判断なども組み込んで，加工の工作精度の向上を実現するNC（numerical control）機械が導入されて機械加工の高度化（工作時間の短縮，工作精度の向上，作業員の技能スキルに依存しないなど）が実現された．

　また，合わせて**コンピュータ技術**の急速な進歩，例えばハードウェアとしては，計算速度の向上，メモリをはじめとする記憶容量の急速な増加など，一方，コンピュータを利用したソフトウェア技術の進展も合わせて発展することで，多種多様なコンピュータ技術の応用分野が広がった．

　このコンピュータの産業界への応用事例として，機構の状態を**センサ**で計測し，その情報をコンピュータで処理して電動機などの**アクチュエータ**をフィードバック制御する機能を備えた「**メカトロニクス**〔mechatronics，メカニズム（mechanism）とエレクトロニクス（electronics）を合成した日本製の英語〕」が1960年代後半に出現した．メカトロニクスを人間にたとえると，機構の部分が「体の関節」，アクチュエータが「筋肉」，センサが「目，皮膚などの感覚」，駆動源が「内臓」，そしてコンピュータが「脳」に相当する．このメカトロニクスが登場したことにより，機械の動作を柔軟かつ精度高いものにすることができるようになった．

8.2 メカトロニクスの進歩

　メカトロニクスを構成する要素は多様であり，主として要素を組み合わせたシステムとして考える必要がある．例えば，その要素をハードウェアとして見ると，機構および機械要素と情報を収集するセンサ，そして動作を制御するコンピュータに分解される．また，制御系として見ると，センサとその情報を処理するソフトウェアと，その結果に基づいて機械要素を動作させるアクチュエータへフィードバックする回路またはソフトウェアに分解することもできる．

　そこで，メカトロニクスの進歩について考える場合には，これらの各要素についての技術的な発展を見ておく必要がある．メカトロニクスは，1960年代以降，産業界における要求に応じ，機構とセンサおよび制御用のコンピュータは，それぞれの分野での研究・開発が進められて，多種多様な用途に利用できるメカトロニクスを各種開発し実用化してきている．

　例えば，1960年代前半からアメリカ，ヨーロッパや日本において，工場現場で利用される機械に電気系の制御機器を取り付けることで，回転数，移動速度，移動量などを計測し，その計測結果を電動機などにフィードバックする自動化技術の開発が各種行われた．

　特に，高度成長下での日本では，大量生産する原材料，家庭用電気製品（家電）および自動車などの製造産業において，製造現場での作業員不足への対応として，機械による作業員への支援，あるいは工場としての効率的な生産の実現へ向けての自動化の試みが進められてきていた．

　その代表的な事例として，製造工場への自動化ラインの導入，メカトロニクスの一例としての**産業用ロボット**（industrial robot）を，工場へ一部導入することなどが1960年代初頭から後半にかけて始まった．

　その後，1970年代のオイルショックと日本の国際的な産業競争力が人件費の高騰により低下する懸念に対して，製造産業での自動化，ロボット化により対応する施策が推進された．また一方，日本での若年者の高学歴化の傾向も強

8.2 メカトロニクスの進歩

まり，屋外の工事現場や屋内の工場現場のような 3K 職場（「きつい（kitsui）」，「汚い（kitanai）」，「危険（kiken）」な職場）から，なるべく作業員を解放することが望まれ，製造現場の省力化や無人化が推進されていた。

この工場現場の省力化・無人化の実現に大いに役立ったのが，各種の機構と制御系コンピュータを組み合わせたメカトロニクスであった。

1970 年代から 80 年代にかけて，これら自動化の実現によって，工場生産性は少量の品種を大量に製造する単純な大量生産で，飛躍的に向上することができた。しかし，一方ではつぎの時代として，顧客のニーズが多様化する時代に突入し，このため製造業は，効率よく多種類の製品を少量生産するために，さらに新たな自動化技術が導入されることとなった。特に電気機器や自動車などの各種製造業では，これらを実現するために生産工場には，前記の産業ロボットやメカトロニクスを組み合わせた各種の自動化機器が導入され，生産機種や生産量に対して，より対応性に優れたフレキシブルな生産システム（flexible manufacturing system，FMS）を工場で実現することとなった。

また，1970 年代以降，一般社会生活における活動の利便性をより向上させるための自動化が進むこととなった。例えば，自動車への電気制御系の導入による燃料の供給最適化制御，電動ウィンドウやバックミラーの導入など自動車のメカトロニクス化が推進されてきた。一方，各種サービス業務がメカトロニクスの利用で，従来は人の労働によって提供されていたものが，人件費の高騰などの要因により，自動化された機器やシステムによりサービスが提供されるようになってきている。

その代表的な事例が，各種の飲み物などの自動販売機，銀行業務を行う現金自動預け払い機（ATM）あるいは現金自動支払い機（cash dispenser，CD），交通機関で利用されている自動改札機，郵便物の自動仕分け装置などである。これらの導入により，一般人の社会生活がより快適になる（何時でも，物が買える，お金を預けられる，引き出せる，改札口の混雑緩和，郵便物が速くかつ正確に届くなど）ことを実現してきている。さらに近年，高速道路の出入口での無線装置とゲートを組み合わせた電子料金収受システム（electronic toll collection, ETC）も情報処理技術（information technology, IT）とゲート機構から構成されたメカトロニクスである。

8.3　メカトロニクスの構成要素

メカトロニクスは，各種の要素を組み合わせたシステムであり，その要素は多種多様である。表8.1に各種の要素例を示す。

表8.1　メカトロニクスを構成する要素技術

	事　例		事　例
機構 （メカニズム）	回転機構（ベアリング，車輪など） リンク機構（平行リンクなど） カム機構 歯車機構，ベルト機構 リニアガイド機構 関節機構，手首機構，つかみ機構	検出器 （センサ）	力センサ 圧力センサ 距離センサ 視覚センサ 加速度センサ
		駆動装置 （アクチュエータ）	電動モータ（直流，交流，ステッピングなど） 圧力（油圧，空気圧，水圧など） 電磁力（ソレノイド） 静電，圧電素子利用など
検出器 （センサ）	位置センサ 変位センサ 回転センサ		

まず，メカトロニクスを設計するにあたって重要な課題は，どのような構成要素を組み合わせて，要求されている機能を実現するかである。そのための手順を以下に示す。

① 要求機能を分解して，作業手順に書き下すこと
② 作業手順を時間軸に並べること（作業フローシート）
③ 複数の作業を一つの機構で実現するか，または二つ以上の機構に分けるかを決定すること（機構の決定）
④ 機構を実現するに必要な要素に分解すること（構成要素，例えば機械部品，アクチュエータ，センサなどの選定および決定）
⑤ 時間軸に並べた作業手順に従って，各要素をどのように制御するかをソフトウェア作成の観点で検討すること

⑥ 上記の分解した作業手順を再度まとめ上げ，システムとしての矛盾点（例えば，機構の動作範囲，機構間の干渉など）を点検，チェックを行うこと

⑦ 機構要素については，機械設計を実施してメカトロニクスを実現するのに必要な素材，加工方法，購入すべき部品などを決定すること

⑧ 同様に制御系についてもハードウェア設計とソフトウェア設計を実施し上記の機構が適切な動作を実現できるかを検討すること

⑨ 上記の設計に合わせて，適切なセンサを選定し，機構に組み込むとともにソフトウェアへの情報伝達手段も検討し決定すること

⑩ 設計した機構を製作し，動作の確認と調整を実施すること

⑪ ソフトウェアを作成し，コンピュータ内で動作をシミュレーションすること

⑫ 機構とソフトウェアを組み合わせた調整を行い，全体としてのメカトロニクスが完成する

上記の手順はつねに実施するわけではなく，過去の事例，経験によって省略することができる．例えば，設計したメカトロニクスでは動作の精度が低くなってしまったとき，従来利用していたセンサの検出性能が求められている機能を満たしていないことが原因であると考えられる．このような場合には，上記のフローのなかで，⑨の項目を再度検討して，新規センサを選定するだけでよいこととなる．

この設計を実行するにあたって，各要素の特徴，欠点などを知っておくことが必要であり，その理解の深さに応じた設計者が必要となる．このため，メカトロニクス設計においては，機構および機械要素に関しては機械系技術者，センサや信号伝送，処理に関しては電気・情報系技術者，制御ソフトウェアに関しては情報系技術者が必要とされ，多くの事例では，これらの分野別の技術者が複数人でプロジェクトを組織して，設計業務を実践することとなる．

168   8. メカトロニクス設計

8.3.1 機　　　　構

前述①～⑫において，設計者はどのような動作が求められているかを検討して，表 8.1 に示した機構などから選択して，機構を設計する。このときに機構の動作をどのようにして実現するかも含めて設計することが求められる。

つまり，例えばテーブルを直角な 2 軸の方向へおのおのの直線操作する機構を設計する場合，直線移動はスライド機構とねじ機構を組み合わせて実現できるが，このねじの駆動源をいくつ（個数）とするか，またどのような**駆動方式**を選択するかで，同じ直線操作機構でも異なった機構選択となる。**図 8.1**に単純な 2 軸移動機構である XY テーブルを示す。この場合には各軸をそれぞれ 1 台の電動モータで駆動する方式を採用している（**図 8.2**）。

図 8.1　XY テーブル　　　　図 8.2　直流モータ

また，メカトロニクスは各種の作業を一連の動作として実現する場合が多く，すべての動作を一つ機構で実現するのではなく，複数の機構が組み合わされている場合が多くある。このとき，各機構単独での動作ではなく，関係する他の機構の動作とのコンビネーションが求められ，前述③および⑥で示したように，どのように分担させて実現するかを検討することが必要となる。後述する産業用ロボットとベルトコンベアの組合せ，半導体を製造する装置の加工分担と，その装置間の搬送機構の組合せなどがある。

8.3.2　アクチュエータ

前述③で選定した機構を④で各種の要素に分解するにあたって，その機構を

8.3 メカトロニクスの構成要素

どのような駆動方法で動作させるか，そのときにどのような力が発生するか，また駆動する速度はどの程度か，停止するときの位置精度はどの程度かなどの条件から，**アクチュエータ**を表8.1に示したアクチュエータやセンサなどから選択することが必要である．

現在のメカトロニクスで多数利用されているのが，**電動モータ**である．非常に小型・軽量・コンパクトな腕時計の駆動用モータから，製鉄所の圧延工程で利用している超大型電動モータまで，多種多様な製品があり，機構の要求に応じて容易に選定することが可能である．さらに電動モータは価格が安価であるとともに，部品としての供給が大量かつ迅速に入手可能であるなどのメリットもある．また，電動モータは回転速度，回転数を簡単に制御できるメリットもあり，メカトロニクスの動作をより精度高く制御したい場合，複雑な制御系が不要である点からも利用普及が図られている．

電動アクチュエータにも，表8.1に示したとおり，模型，腕時計，自動車などに多数用いられている直流モータ（図8.2），産業用ロボットなどにフィードバック制御系と組み合わせて多数利用されている交流サーボモータ，パルス回路と組み合わせて精度の高い位置決めなどに利用されているステッピングモータがある．

これら電動モータを利用する場合，駆動する機構に応じて回転数を変更することが多く，減速機構（主として歯車やプーリの組合せ）を利用することがある．

しかし，これらの減速機構で発生する回転トルクのロスや精度の低下などを防止する直流モータの改良版として，ダイレクトドライブモータが開発されて，家庭電化製品などで利用されている．

その他のアクチュエータとしては，建設機械などで大きな力を必要とする場合に利用する**油圧アクチュエータ**，また空気圧でシリンダを駆動して利用するもの，電磁力を利用して弁を駆動するソレノイド，また非常に微少な変位をつくる静電または圧電素子を利用したものなどがある．後述のメカトロニクス事例において，各種アクチュエータの利用法について述べる．

8.3.3 センサ

前述③で選定した機構を④で各種の要素に分解するにあたって，その機構をどのように駆動させるか，どのような力が発生するか，また駆動する速度はどの程度か，停止するときの位置精度はどの程度かなどの条件から，機構内の状況を把握する**センサ**を表8.1に示したセンサなどから選択することが必要である（これらをメカトロニクス内の**内界センサ**と呼ぶ）。また，一方ではメカトロニクスが利用されている環境，使用するオペレータとの関係などの状況を把握するセンサを表8.1に示したセンサなどから選択することが必要である（これらをメカトロニクスの**外界センサ**と呼ぶ）。

例えば，前述のXYテーブルにおいて，各軸のモータには回転センサを内界センサとして取り付け，回転速度や回転数を計測し，その結果を制御系へ伝送し，コンピュータ処理した結果をモータ電源にフィードバックすることで精度の高い移動を実現している。このため，要求されるテーブルが移動可能なストロークと位置決め精度およびモータの回転数から，回転センサを選定する必要がある。

また，移動ストロークが限度範囲を超えないようにするため，移動限度には位置センサや力センサを配して機構を保護するようにしている。

メカトロニクス全体が移動する場合は，移動する範囲内に障害となる物体などが存在することがある。その物体発見には，外界センサとして，視覚センサや距離センサを用いて，障害物検知を実施している。この検知は，センサ情報を情報処理コンピュータに入力して，画像処理技術などを用いて障害物の有無判定を行い，メカトロニクスの動作制御（前進，後退，方向変更，停止など）を行っている。

最近では，メカトロニクスにこれらの各種センサを多数適用することで，各センサの情報を組み合わせて判断する「**センサフュージョン技術**」も開発・利用されている。この技術により，メカトロニクスの誤判断による暴走や誤動作の防止を実現して，信頼性を向上させている。

8.3.4 制　　御　　系

前述③で選定した機構を⑨で，その動作にふさわしい制御系とソフトウェアを選定する．制御系の主体となる部分は，センサの情報を処理して，アクチュエータを介して機構を動作させる指令をつくり出すコンピュータである．

コンピュータは前述のとおり，1970年代後半から小型化・軽量化が半導体技術の進歩と合わせて実施され，現在では家庭用電気製品から大型プラントの制御まで非常に幅広く利用されている．

産業用ロボットなどの**フィードバック制御**システムを**図8.3**に示す．前記のとおり，機構を構成するアクチュエータに対して，動作開始指示を制御系から伝送し，その動作している状況をセンサから制御系へ伝送して，目標としている制御量に至っているか否かを制御系で判定して，アクチュエータに動作指示をフィードバックしている．この図に示す矢印がフィードバックであり，センサの数値が目標としている制御量に達することにより，つぎの動作に移行することとなる．

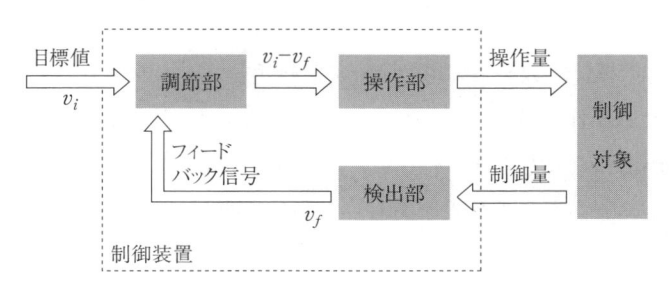

図8.3 産業用ロボットなどのフィードバック制御システム

制御系には，ディジタルコンピュータが利用されており，各種のセンサのアナログ情報をA–D（アナログ–ディジタル，analog-digital）変換したうえでコンピュータ処理され，目標値の「差」を計算して，これに基づいてアクチュエータへの駆動指示を行うものである．センサの情報はほとんどアナログ情報，またメカトロニクスの動作もアナログであるが，制御系ではアナログ情報からサンプリングしたディジタル情報として扱うことで，高速な処理を実現し

ている。

最近，制御系とソフトウェアが一体化した**半導体**が多数開発されており，家庭用電気製品，携帯電話，オーディオ機器などの動作制御に「**組込みシステム〔マイクロコンピュータ（マイコン）〕**」（embedded system）として導入されている。このマイコンはパソコンのような汎用性はなく，各社ごとにOSやインタフェースの仕様が異なるなど，独自性が強い傾向にある。最近では，携帯電話の組込みマイコン用のソフトウェアを共通化することで，新しい機種の機能開発時間の短縮，またソフトウェアの信頼性の向上を図ることが進められている。

以下では，メカトロニクスの事例において，制御系の特徴などを紹介する。

8.4　メカトロニクスを利用した事例について

8.4.1　数値制御を組み込んだ工作機械

1940年代後半から50年代にかけて開発された複雑な加工や検査用の治工具を作製する機械に，数値制御用のデータを紙テープやパンチカードで作成して読み取らせる工作機械が**NC機械**として導入された（**図8.4**）。しかし，加工用データが正しく入力されているか，また新しい加工を行う場合にデータの流用・転用が難しいなどの欠点があり，その後1960年代以降のコンピュータ利用の導入まで大幅な普及には至らなかった。

図8.4　NC旋盤の加工部外観

8.4 メカトロニクスを利用した事例について

　その後，コンピュータやセンサの高度化による加工精度の向上と計測技術の進歩により，複雑な形状の機械加工を1台のNC機械内で，加工工具をコンピュータデータに基づいて自動的に交換しながら，一連の加工をすべて行ってしまう加工機械となってきている．

　なお，NC機械には加工工具の摩耗量や切込み量をセンサにより計測しながら加工する，寸法を正確に実現するセンサフィードバックを内蔵するものも多く，いわゆるメカトロニクスの進歩が，機械加工の作業時間短縮や加工精度の向上などを実現している．

　NC機械の普及により，従来は現場の加工技術者の技能によって，寸法精度，形状精度などに差異があったものが，同じ製品を複数作製する場合に同一の寸法，精度で完成することが可能となり，また加工時間も短縮できるなど，大量生産の実現には大きな効果を発揮している．

　現在は，加工用データを3次元CADから直接的につくり出す**CAM**が導入されて，設計データから製造・加工データまでが，一貫したデータを用いているシームレス（つなぎ目のない）生産システムを実現している事例がある．なお，NC機械を複数台と下記の産業用ロボットを複数台組み込んだ**自動化ライン**は，日本国内の製造業では数多く利用されており，両者のよい部分を組み合わせることで，より最適な生産システムを実現することができている．

8.4.2　産業用ロボットを利用した自動化工場

　1960年代後半から，メカトロニクスとして**産業用ロボット**が，組立て，溶接などを現場作業員に代わって実行する自動化工場が，おもに自動車産業などに導入されてきた．**図8.5**に代表的な産業用ロボットのシステム図を示す．

　これら産業用ロボットは，前述のNC機械とは異なり，単なる数値に基づいた移動や加工制御を行うのではなく，ロボット周辺の環境をセンサにより計測し，あらかじめ入力された情報との比較を行い，その誤差量を認識して修正することができる判断機能を有していることで，工場などの現場において，より作業員に近い動作を実現することができる．

174   8. メカトロニクス設計

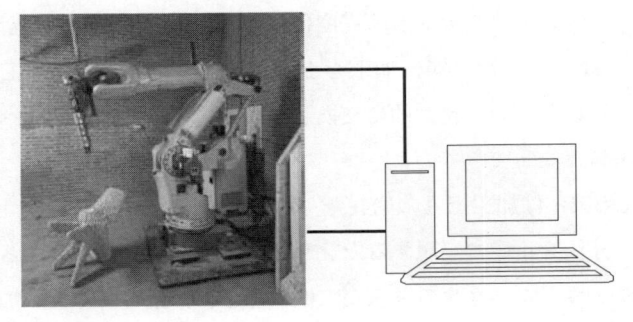

塗装用ロボット（本体）　　制御用コンピュータシステム

図8.5 産業用ロボットのシステム図

この自動化工場を設計するにあたって，メカトロニクスの組合せについてつぎのような手順での検討をして，利用する方式，機種の選定を行っている．

① 作業対象とする物体の特定（物体，寸法，重量などの把握）
② 作業方法の検討（現場作業員の実施している作業手順，作業ツールなど）
③ 作業方法をロボット化する場合の分担方法（産業用ロボットの動作可能領域，動作可能範囲などから何台必要か，またそのロボットと対象物とのレイアウト関係の検討）
④ 産業用ロボットの動作速度と対象物の移動速度の検討（現場作業員とは異なり，作業内容によってはロボット化による作業時間の遅延発生など）
⑤ 製造現場における産業用ロボットへの動作教示（主として，操作員がロボットの手先をもって動作を教示するティーチングプレイバック方式が適用されている）

上記①～⑤の手順に沿って，作業対象物とメカトロニクス（産業用ロボットなど）との相対的な位置関係を定めて，最終的に工場への導入が完成する．自動車工場の生産流れを**図8.6**に示す．

この事例では，対象物である自動車はベルトコンベアなどにより運搬され，産業用ロボットが要所，要所に配置され，手先に取り付けられた溶接トーチに

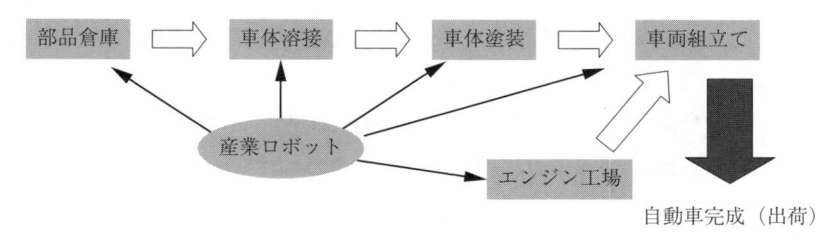

8.4 メカトロニクスを利用した事例について　　*175*

```
部品倉庫 ⇒ 車体溶接 ⇒ 車体塗装 ⇒ 車両組立て
         ↖   ↑   ↗       ↗         ⇑
           産業ロボット
                    ↘
                    エンジン工場        ⇓
                                    自動車完成（出荷）
```

図 8.6 自動車工場の生産流れ

よって溶接加工されていくものである。

　手先に取り付けている溶接トーチなどのツールを変更して，溶接後にグラインダによる部分的な研磨，また電磁磁石，真空パッドを利用して，対象物の運搬や取扱いなども実施している事例もある。

　なお，一般的にロボットの手先にかかる荷重が増加するに伴い，産業用ロボット全体の寸法・重量が非常に大きくなる傾向にあり，自動化工場の設計においては，運搬する対象物に応じて，コンベア，クレーンとロボットをなるべく最適に組み合わせる設計が求められている。また同様に，作業用ロボットが加工する際に利用する材料や加工用の治具を効率的に取り扱う必要があり，それらも含めて作業エリアを適切に確保することが求められている。

　従来の作業員が加工を実行していた場合には，一般的な 2 次元的レイアウト設計で十分であったが，ロボットの場合には，動作可能空間が 3 次元であることを考慮しておくことが求められている。この**レイアウト設計**には，3 次元CAD などのコンピュータの支援を利用して，各種の条件下でのシミュレーションをあらかじめ行い，さらには作業現場においてロボットの動作試験を行って詳細レイアウトを設計・決定している。このシミュレーションと現場動作試験の結果に基づいて，作業時間が最短となる作業の方法を第一優先とするが，産業用ロボットには保守・補修が必ず必要であることも配慮して，メンテナンスのエリアを確保することを忘れてはいけない課題である。このとき，保守作業を行う作業員に無理な姿勢や，運搬用の機器とロボットの間で作業させない配慮が必要である。これは製造現場で産業用ロボットにより効率的な生産を実現

しても，作業員による保守・補修に長時間かかってしまうのでは，製造全体を眺めた場合には，効率が低下してしまうからである．

工場での安全衛生については，**安全衛生法**に基づいて，作業マニュアルの整備，安全装置の設置，防護具の装着など厳しく定められているが，産業用ロボットの導入にあたって，従来のメカトロニクス，自動化機械とは動作する空間範囲が複雑でかつ広いことを考慮して，新たに安全基準を法的に制定している．

この種の産業用ロボットについての安全対策として最重要なものは，操作員がロボットに動作手順を教示する際に，ロボットが誤って動作しないようにする対策である．このために複数の安全チェック項目が設けられており，例えば，操作員がロボット動作エリアに入っている場合には，ロボットの電源が絶対に投入できない方策を設けることとしている．また，万が一ロボットが誤って動作するような場合には，操作員のもっている教示用のペンダントに全停止用の緊急スイッチを設けることが法律的に義務付けられている（労働安全衛生法第150条）．

また，ロボット操作員についても産業用ロボットを取り扱える資格が求められており，ロボットの動作原理から安全基準までの幅広い知識についての教育を受講することも義務付けられている（安全衛生特別教育規程第18条，第19条）．

日本における産業用ロボット利用は，1980年には普及元年と呼ばれるように産業界への導入が急速に図られており，1980年の国内生産台数は約2万台，そして2010年の産業用ロボットの国内生産台数は約10万台と，生産台数では30年間で約5倍，市場規模では2010年で5500億円と1980年の約5.5倍となっている．

2009年まですでに導入されている累計ロボット台数は，日本では約33万台（約33％）となっており，日本が世界1位，世界レベルでの産業用ロボットの普及は，アジアでは約17万台（約16％），北米でも約17万台（約16％），ヨーロッパでは34万台（約34％）と，日本がアメリカやドイツの約2倍と普及している[1]．

8.4 メカトロニクスを利用した事例について　*177*

このような状況において，国内ロボット製造企業の自動化工場では，産業用ロボットが，さらに新しい産業用ロボットを自動的に加工・組立て，そして生産を行うほどになっている．

8.4.3　半導体製造装置

半導体は，1950年代にアメリカで研究開発された導体と，絶縁体の両者の性質を兼ね備えた物質であるシリコンなどを利用した物体のことである．代表的な半導体が，シリコンを利用したトランジスタであり，これ多数組み合わせた各種集積回路が開発されて，社会生活を支えるものとして活用されている．家庭用電気製品（テレビ，各種レコーダ，パソコン，ルームエアコン，自動洗濯機，冷蔵庫，自動炊飯器など）の多くには，半導体を多数用いた集積回路（large scaled integrated circuit, LSI）を利用した**マイコン**が内蔵されており，これらに特有なソフトウェアを書き込むことで，各製品のいろいろな動作を自動化することを実現している．

また，自動車などにも多数のマイコンが利用されており，エンジンへの燃料供給制御，パワーステアリングの制御，ブレーキによる横滑り制御などをはじめとして，速度などを表示しているパネル，窓やミラーの遠隔電動操作，エアコンの温度制御などの運転者と自動車の間でのマンマシンインタフェースにも適用されて，運転者や同乗者が快適に自動車で生活できる環境を実現している．

社会の各所で各種の目的で大量に利用されている半導体は，日本では主食の「お米」と同じように必要不可欠な電気・電子部品であるとの意味を込めて，「産業のコメ」と称されている．

この半導体の製造には多種多様な製造装置があり，例えば，シリコンなどの原材料から使用目的にふさわしい均一な半導体（ウエハー）をつくる装置，このウエハー上に多数の回路をつくり上げて半導体チップをつくる装置，実際に利用される最終的な製品とする半導体チップを切り分ける装置など，完成した半導体チップまたはLSIなどの外観，性能をチェックする検査装置などであ

178   8. メカトロニクス設計

る。

　これらの装置を組み合わせた半導体製造ラインは，「埃(ほこり)」や「ごみ」が半導体表面に付かない環境下で使用されている。このため，空調とフィルタで環境をコントロールされたクリーンルール内に製造ラインが設けられている。

　半導体の性能向上は，主としてウエハー上により微細な加工を施すことで実現されており，このために各製造装置では，加工ツールと加工対象のウエハーとの間で高い精度の位置決め機構が必要となっている。

　この機構実現には，移動量を精密に制御できるメカトロニクスが多数組み合わされて利用されている。例えば，シリコンウエハー上に書き込まれる回路は，年々微細化されており，そこでは，光とマスクを組み合わせた加工が行われており，ウエハーを載せたテーブルと光の光源とマスクの三者を3次元的に位置合わせする機構が用いられている（図 8.7）。

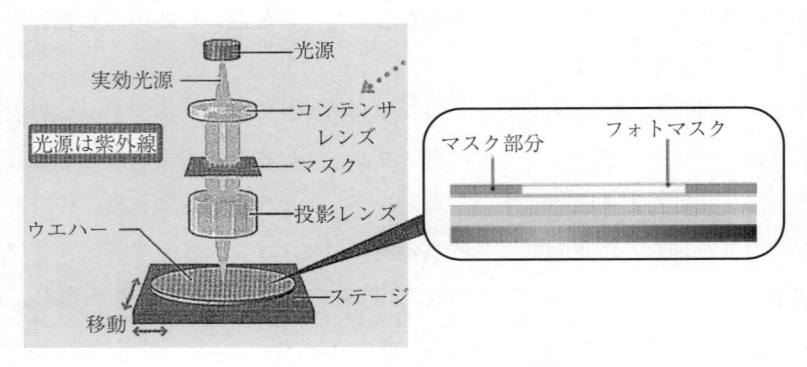

図 8.7　光レジスタ装置の基本原理図

　このウエハー加工以外にも，回路の配線ワイヤをハンダで自動的に配線する装置でのワイヤ位置決め機構（図 8.8），完成した半導体回路の外観からカメラなどを利用して正常につくられているかどうかを判断する自動検査装置，回路の位置決め機構など，多数のメカトロニクスが利用されている。

　この**半導体製造装置**の設計にあたっては，高精度の機構と最適な制御システムを適用するだけでなく，その機構からの「埃」や「ごみ」が極力発生しない

図 8.8 配線ワイヤをハンダで自動的に配線する装置

方式を考える必要がある．移動機構などの軸部には潤滑油が外部に出ないシール機構を追加する，機構の駆動用モータの選定にあたっては，電気接点などの摩耗が少ないものなどを選定することが求められる．

半導体製造装置は非常に高価な装置であり，これらの防埃対策には最先端技術を積極的に導入しており，例えば，宇宙開発で培われた真空技術，画像解析技術などが多用されている．

8.4.4 自動車のメカトロニクス利用

自動車は，19世紀後半にガソリンエンジンを利用した移動機械として登場し，20世紀には全世界で便利な交通手段として利用されるに至った．そして，自動車を構成する機構の改良，エンジンの能力向上，運転性の向上など飛躍的な進歩を遂げてきた．

従来の機械的制御によるガソリンのエンジンへの供給を計算機（**マイコン**）利用による制御が導入され，この部分がメカトロニクス化され，ガソリンの消費を画期的に減少させること，また排気ガスに含まれる窒化物や硫化物（NO_x, SO_x）も減少することができた（**図 8.9**）．

窓やバックミラーなどの開閉，調整動作は，従来運転者が手動で行っていたが，これを**小型モータ**と**位置センサ**を組み合わせたメカトロニクス化すること

180　　8. メカトロニクス設計

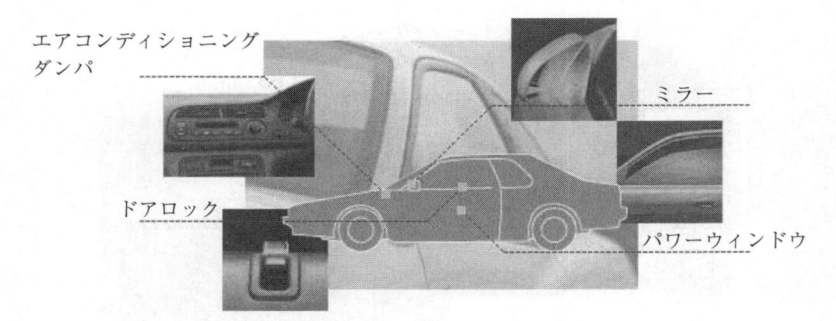

（a）自動車の各所に使われている電動モータ

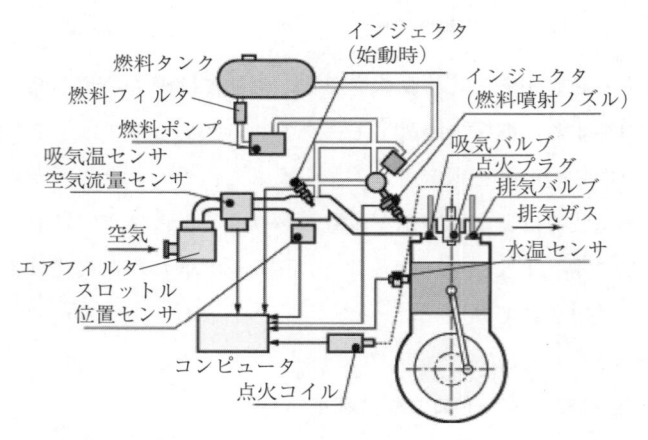

（b）自動車エンジンの電子化技術利用（メカトロニクス）

図 8.9 自動車のメカトロニクス利用

で，非常に手軽に操作（一部は遠隔操作）できることとなった。

　安全面では，自動車事故が発生したときに運転者の生命を守る手段として，衝突したショックを**加速度センサ**で検知し，その情報でエアバッグを瞬時に膨らませる装置が装着されるようになったが，これもメカトロニクスの利用例である。

　以上のように，ガソリンエンジンを用いた自動車におけるメカトロニクス利用は，大幅な性能向上をもたらし，現在の自動車にはメカトロニクスが不可欠な時代となっている。さらに，ガソリンエンジンに代わって，電動モータを利

8.4 メカトロニクスを利用した事例について　　*181*

用した電気自動車が多数開発され，実用的に利用されるようになってきているが，この場合，自動車全体がメカトロニクスとなっている．つまり，電動モータをアクチュエータとし，速度計をセンサとし，マイコンを制御系とするフィードバック制御を利用して，運転者による運転操作を支援することを実現しているからである．

　自動車製造企業の多くが，8.4.2項「産業用ロボットを利用した自動化工場」を導入して，ロボットと現場作業者が共存しながら，効率よく大量の自動車生産を行っており，組立工場では，部品から自動車の完成まで数時間〜十数時間で実施できる水準となっている．

8.4.5　郵便番号自動読取り区分装置

　図 8.10 に，郵便番号を自動的に読み取り，その宛先別に自動的に仕分けを行う装置を示す．この装置は，1960 年代後半に日本で初めて開発された**文字認識技術**と**搬送機構技術**を組み合わせたメカトロニクスである．

図 8.10　世界初の郵便番号自動読取り区分装置

　まず，装置の入口にあたる書状（手紙や葉書）を 1 通ずつ取り出して，郵便番号を判別するセンサ（テレビカメラ）へ搬送される．テレビカメラの画像から番号だけを抜き出す画像処理を行って，数字の認識部へ信号伝送し，特徴抽出法にて判読し，その結果に基づいてコンピュータ処理して，仕分け機構を動作させて分類する．

182 8. メカトロニクス設計

手書き文字を認識する技術は，多様な筆記用具や文字の大きさ，線の太さなどの各種条件に対応できるように多数の実験を経て開発されたものである。

現在では，この郵便番号自動読取り区分装置は日本だけでなく海外でも多数利用され，郵便物の仕分け業務から切手へのスタンプ押しまでの一連作業を無人で高速に処理することが可能として，郵便業務の画期的な効率化を実現している。

8.4.6 エスカレータ，エレベータ

図 8.11 にエスカレータ，図 8.12 にエレベータを示す。建築物が高層化するに従って，各フロア間を人が移動するまたは荷物などを運搬する装置として，エスカレータやエレベータが多数導入されている。

エスカレータは，階段が自動的に上下する機構であるが，機構の動作を一定速度とするために，アクチュエータ（一般的には電動モータ）の回転数を速度

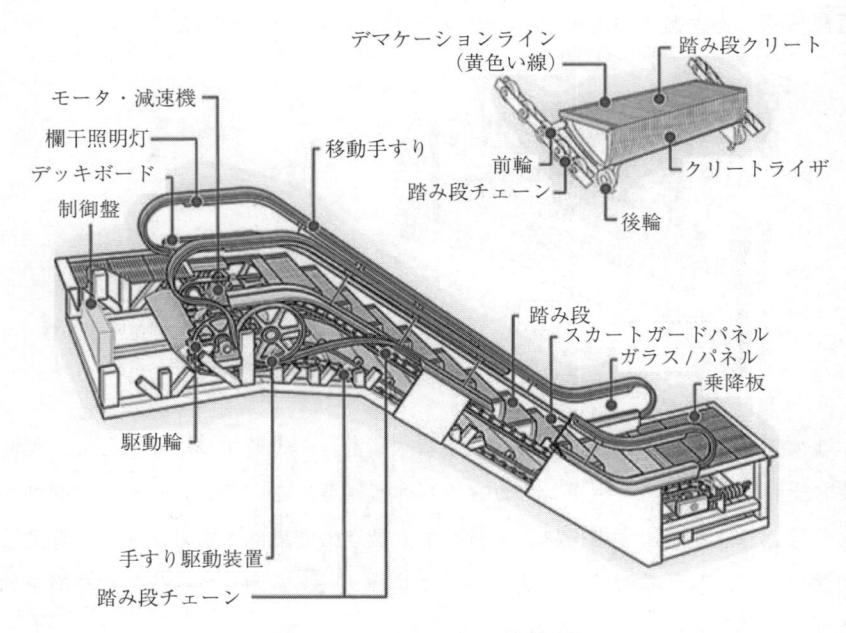

図 8.11　エスカレータの内部機構

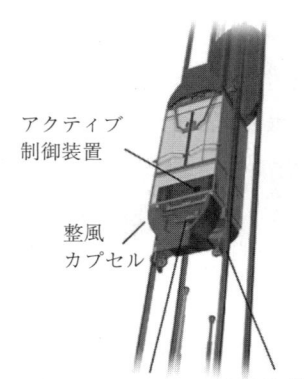

8.4 メカトロニクスを利用した事例について

アクティブ
制御装置

整風
カプセル

気圧制御システム　ローラガイド

図 8.12　高速エレベータの「かご室」

センサ情報に基づいて**フィードバック制御**するメカトロニクスである。

機構に加わる重量の変化（乗っている人数，体重などによる）を外乱とし，その影響による速度変化をセンサで計測して，マイコンを利用した制御系を介して**アクチュエータ**の動作（速度の安定化など）を制御している。

また，エスカレータは常時動作しているため，多量の電力消費が発生しているが，この消費を抑制して省エネルギーを実現するため，エスカレータの入口に利用者が接近していることを関知するセンサを設け，センサ信号によってエスカレータのアクチュエータを ON とする制御系を導入している事例も多い。

一方，**エレベータ**は一度に多量の人や荷物を上下に運ぶことができる装置であり，上下動する機構とその駆動源（一般には電動モータ）と位置決めセンサから構成されるメカトロニクスである。

建物の上部にある電動モータとワイヤケーブルで，人や荷物を載せる「かご室」はつながっており，モータの回転力で「かご室」を建物に取り付けたガイドレールに沿って上下に移動する機構である。「かご室」を各フロアに正確に位置決めして停止するために，アクチュエータである上記モータを制御している。また，各フロアに設けたドアと「かご室」のドアの開閉にも電動モータ，センサがおのおの設けられて，両者の位置がずれないように制御している。

最近，ビルやタワーなどの建築物の高層化が進められており，これによるエ

184　　8.　メカトロニクス設計

スカレータの高速化，振動や音を低減化した快適さの向上が図られている．例えば，高速化で分速1 000 mにもなるエレベータでは，「かご室」の風切り音を低減させるスポイラを上下におのおの装着，また「かご室」とガイドレールとの間に設けている車輪（ローラガイド）に防振機構を導入するなどの措置を講じることで，高速でかつ快適な移動を実現している．

8.4.7　自 動 販 売 機

図8.13に，各種の飲料などを街頭で販売している**自動販売機**を示す．

販売機に紙幣やコインを投入し，購入希望商品を選定すると自動的に提供される装置であるが，これもメカトロニクスの一例である．

まず，紙幣やコインを自動的に認識するセンサとソフトウェアから構成される識別器と商品を提供する機構部とから構成されている．特に食べ物や花などの形が同一でない物品を販売する装置では，商品を目で見ながら選択する回転テーブルなどが設けられ，前述のエレベータと同様に位置決め制御が必要となり，回転用のアクチュエータに対して位置決めセンサからの情報をフィードバックしている．

図8.13　果物・野菜などの自動販売機

また，交通機関などで使われている自動切符販売機もこの一種であり，この場合には，「乗車券（切符，定期券など）」を搬送，印刷，発券の機構から構成されたメカトロニクスである．特に，印刷部では切符用紙と印字装置間の位置決めを正確に行う必要から，各種センサの情報から搬送機構のアクチュエータ

へのフィードバック制御を行って位置決めしている．

8.4.8 自動改札機

図 8.14 に，交通機関などで利用されている**自動改札機**を示す．

従来，交通機関の改札口では，人が乗車券（切符，定期券，プリペイドカードなど）をチェックするために入鋏やスタンプなどを付けたり，回収するなどの作業を行っていた．このため，改札口での混雑は，ラッシュアワー時には恒常化しており，この解消に向けての省力化，自動化が 1970 年代から検討されてきた．当初，切符や定期券などの「紙」に磁気記録用のコーティングを行って磁気ヘッドで自動的に読み取る装置が導入され，普及した．しかし，装置内での搬送機構が複雑で故障が多いこと，また簡便な至近距離の無線通信技術が発達したことを受けて，1990 年代から定期券やプリペイドカードに IC チップを埋め込んだ非接触カードが導入され，上記の磁気記録付きの切符と IC カードの両者を利用できる自動改札機が導入された．

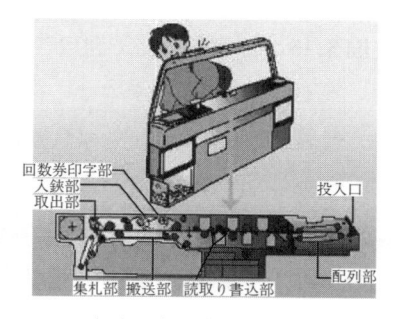

（a） 自動改札機設置例　　　　　（b） 自動改札機の内部

図 8.14 自動改札機

この自動改札機は，改札を通る人間を赤外線で検知するセンサ部，切符などを装置に投入・返却する部分，切符に入・出場時刻などを印字・記録する装置，普通乗車券で入場した場合に入鋏のかわりにパンチ穴を開ける装置，回収した乗車券類を収納する収納箱などの機構，さらにこれらの動作や情報処理を

行うコンピュータから構成されている。

切符の表面には印刷，裏面には磁気を用いた記録があり，自動改札機の内部には磁気情報の読み取り部に対して，記録した裏面が必ずこの部分に接触するように切符の方向を変更する機構，また，切符に穴を開けて使ったことを示すための穴開け機構があり，これらの機構間にモータ駆動のベルトを利用した高速な搬送機構が設けられている。また，誤った切符や定期券を読み取った場合には，駅への入場または駅からの退出を防止するゲート機構が，動作するようになっている。

このゲートは，後述する高速道路などで利用されている電子料金収受システムでも適用されている。なお，この機構は読み取り部で検出した情報に基づいて，高速でかつ繰返し動作するものであり，機構内のアクチュエータ，センサなどの選定にあたっては，特に耐久性，信頼性の見地からの検討が必要となっている。

8.4.9 電子料金収受システム（ETC）

図8.15に，有料道路で利用されている**電子料金収受システム**（ETC）を示す。電子料金収受システムは，有料道路を利用する時に料金所で停止することなく通過できるノンストップ自動料金収受システムのことであり，これによって料金所での渋滞解消を狙ったものである。無線通信を利用して車両に搭載したETC車載器と料金所のシステムが必要な情報（車両情報，入口料金所，出口料金所，通行料金や引落とし口座情報など）を交換し，料金の収受が行われ

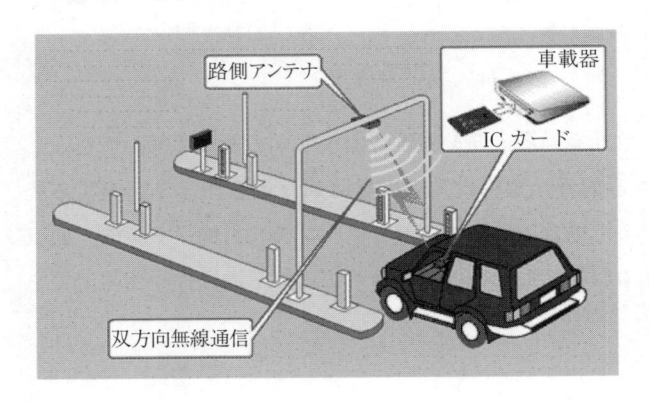

図8.15 電子料金収受システム（ETC）（有料道路料金所）

8.4 メカトロニクスを利用した事例について　　　*187*

ることとなる。

　前述の自動改札機と同様に，情報交換が正しく行われた場合には開閉バーゲートが解放となり，車両は時速 20 km 程度で通過することができるが，情報交換に失敗した場合には，開閉バーゲートが閉鎖状態となり，有料道路への侵入，退出が困難となる仕組みをもったメカトロニクスである。

　なお，ゲート侵入困難な車両が開閉バーゲートを破壊して走り去ることも多く，このために料金所では自動車番号をテレビカメラにより逐次撮影して，破損事故を発生した車両の特定が可能となるようにしている。

　日本国内では，1990 年代後半から開発，試験が行われ，2000 年代前半から全国の有料道路，高速道路に導入されている。しかし，ETC 車載器の価格が高価であったため，一般への普及が進まず，政策として有料道路の ETC 利用者向けの料金低減サービスなどの各種優遇制度を導入するなどの普及を図った。この結果，2010 年には有料道路での利用率は 80％を超える状況となり，従来の料金所での渋滞発生は大幅に減少することとなっている。

8.4.10　自動預け払い機（ATM）

　図 8.16 に**自動預け払い機**（ATM）の外観を示す。1960 年代より，銀行業務の合理化，省人化の一環として現金自動支払い機（CD）が各銀行などに導入され，窓口業務の一部である支払いが機械化された。引き続き，1970 年代半ばから預け入れ業務もできる自動預け払い機が開発されて銀行内に設置され始めた。その後，各種の機能追加が多々図られて銀行間の振替，個人認証の充

図 8.16　自動預け払い機（ATM）の外観

実，銀行カードや貯金通帳を多種扱えるなどの改良が進められている。

自動預け払い機は，紙幣やコインを認識する検出部とこれらを搬送する部分，および上記の動作を制御するコンピュータと，情報を通信・伝送して確認するコンピュータとから構成されるメカトロニクスである。

特に，紙幣やコインの数量を計測する部分と搬送する部分には，細かい動作を自動的に実行できるための機構，アクチュエータ，各種センサと制御用のマイコンからなっており，前述の 8.4.7 項「自動販売機」と同様の構成である。しかし，この装置は，個人を判別・認識できる機能が必要不可欠であり，従来は暗証番号の入力，最近では人体情報（例えば，指紋や顔認証など）を利用して実施する高度化されたメカトロニクスとなっている。

本来，銀行に設置されている装置であったが，最近はスーパーマーケット，デパート，コンビニエンスストアなどの店舗にも設置されて，利便性の高い銀行窓口として運営されている。

なお，日本国内の銀行業界の再編成の影響を受けて，一部の ATM にシステム障害が発生して，現金の預け入れ，払い出し，銀行間の振替などの業務が数日間停止または混乱する事例も発生している。メカトロニクスが原因となったトラブル事例ではないが，システム全体を俯瞰的にまとめ上げるためのソフトウェア技術などの課題が表面化した事例である。

8.4.11 全自動洗濯機

ここからは，家庭などで身近に利用されているメカトロニクス事例について述べる。まず，**図 8.17** に**全自動洗濯機**の外観を示す。

電動モータを用いた洗濯機は，1900 年初頭にアメリカで発明され，1930 年代に日本で発売され，戦後の 1950 年代に日本では急速に各家庭に普及した。当初は，単に洗濯する機能ではあるが，機械式のタイマによる時間管理機能が付いて，主婦が洗濯をしながら他の仕事ができるなどの利点で普及に拍車をかけたといえる。その後，1960 年代から，しだいにローラを用いた脱水や遠心法による脱水機能の追加，簡単なコントローラによるモータ回転数の制御など

8.4 メカトロニクスを利用した事例について

図 8.17 全自動洗濯機の外観

の改良が進められた．

さらに1970年代には，洗濯と脱水が一体化した全自動洗濯機が開発され，マイコンによる時間管理ソフトウェアが導入されて，洗濯，すすぎから脱水までの一環洗濯作業を実現することとなった．これによって，洗濯機もメカトロニクス技術の利用例となったが，さらに洗濯物の重量を計測するセンサ，水の濁りを計測する濁度センサ，水位を計測する水位センサなど洗濯の状態を把握できるセンサを導入して，その情報に基づいて，モータの回転数や注水バルブ，排水バルブの制御を行うようになってメカトロニクスとなった．

その後，脱水後に乾燥する機能も追加された全自動洗濯機も開発され，洗濯から乾燥までの一連動作が1台の洗濯機で実行できることとなった．

このように洗濯機の機能が向上するに伴い，センサ情報の組合せ，モータの回転数の制御などが複雑化することとなり，マイコンに組み込みソフトウェアを書き込んだ制御用の**組込みシステム**（**マイコン**）が導入されている．また，洗濯機の小型化の観点，さらにモータの回転数制御を容易にする観点などからダイレクトドライブモータも開発され，アクチュエータとして導入されている．

8.4.12 ハードディスクドライブ（HDD）

図 8.18 に，ハードディスクドライブ（hard disk drive，HDD）の内部を示す．ハードディスクドライブは磁気ディスク記憶装置であり，構造としてガラスなどの円盤を素材としたディスク，その表面に磁気記録用の媒体がコーティン

190   8. メカトロニクス設計

図8.18 ハードディスクドライブの内部

グされ高速で回転した状態で，磁気ヘッドによってデータ情報を読み書きすることができる装置である．コンピュータの記憶装置として多数利用されており，ディスクの回転用モータと磁気ヘッドの位置決め用モータの二つがアクチュエータで，前者はダイレクトドライブ方式により，逆起電力を検出してセンサレスで高速の一定速度に制御されており，特に制御系は適用していない．

一方，後者は，ディスク上の決められた場所にヘッドをアームによって正確な位置に移動するために，当初は**ステッピングモータ**を利用していたが，最近は**リニアモータ**を用いて駆動系の小型化を実現している．ここでは，位置決めのフィードバック制御するサーボが行われており，非常に精度の高いメカトロニクスである．

以上，身近に利用されているメカトロニクス事例を示したが，これ以外にも社会インフラや家庭で利用している製品にはメカトロニクスを利用しているものが多くある．例えば，工事用のクレーン，自動ドア，電車など，家庭では電気掃除機，DVDレコーダ，FAX，プリンタ，エアコンなどがある．メカトロニクスを利用しない社会生活は，ありえないといっても，いい過ぎではない状況となっている．

8.5 メカトロニクスの将来

メカトロニクスの進歩は，目覚ましい勢いで20世紀後半を駆け抜け，さらに進化を続けている．産業用ロボットからは，おもに移動機構とその制御を考

慮した移動ロボット（二足歩行，車輪など）が各種研究開発され，実用化に至っている。

　また，モノを取り扱う機構に着目したマニピュレータは，宇宙空間での利用や爆発物撤去作業などの危険な環境での利用などでの実用化を実現し，さらに医療分野などの精緻な作業の実行にも適用され始めている。

　これらのロボットは，メカトロニクスの技術進歩に引き続いて，**知能化技術**をより充実する方向で研究開発が進んでいる。

　このように，メカトロニクス技術の進歩とその利用が，将来の人間社会，生活の利便性をさらに向上させることになることは疑う余地はないであろう。例えば，日本のような高齢社会において，医療分野での診断，治療を遠隔地から実施する装置や，身体が不自由になった人に対する介護支援を実行する装置は，当然人間との調和が求められるメカトロニクスであり，また一人暮らしの方々の安否を遠隔地から確認できるシステム，また「癒し」をもたらすシステムにも人間の行動分析技術とメカトロニクスは欠かせない道具となろう。

　さらに，地球内の資源開発や宇宙空間利用などの危険な環境で，安全に作業を遂行するには，メカトロニクスは絶対に必要不可欠であり，これらの開発は人類の平和に対する大きな貢献となろう。

　今後のメカトロニクスの進歩には，機構を構成している材料の開発（強度の高い軽量材など），センサでは，小型化，精度の向上などの開発，駆動源では，長寿命または急速に充電できる電池や超小型の油圧源などの開発，コンピュータでは，高速処理ができる小型コンピュータなどの開発が行われ，これらの要素技術の成果を組み合わせたメカトロニクスの実現は，人間により近い動作を実現できる機器やシステムとして，私たちに快適な生活をもたらすことになると信じている。

引用・参考文献

【1章】
1) 宮坂　護，土屋栄夫：巨大水時計，機械学会誌，**111**[†1]，9，pp.22～23（2008）
2) 山田慶児，土屋栄夫：復元 水運儀象台 十一世紀中国の天文観測時計塔，新曜社（1997）
3) 諏訪湖 時の科学館 web ページ
   www.gishodo.jp/guide/index.htm[†2]
4) 稲見辰夫：機械の仕組み，日本実業出版社，p.39（2004）
5) 萩原芳彦 監修：ハンディブック 機械 改訂2版，p.4，オーム社（2007）
6) ウィトルーウィウス 著，建築書，普及版，東海選書，p.267，東海大学出版会（1979）
7) F. Reuleaux：Theoretische Kinematik, Bd. I, Grundzuge einer Theorie des Maschinenwesens, Braunschweig（1875）
8) 矢田技術士事務所，www.ne.jp/asahi/yada/tsuneji/history/machine-jap.pdf
9) 渡辺　茂：機構学講義I，共立全書，共立出版（1975）
10) 日本機械学会 編：機械工学便覧，デザイン編 β4 機械要素・トライボロジー，p.53，日本機械学会（2005）
11) 三井物産株式会社 web ページ
    www.mitsui.com/jp/ja/company/history/initation/index.html

【2章】
1) 三洋電機株式会社 web ページ
   http://jp.sanyo.com/gopan/report/index.html
2) G. ポール，W. バイツ：工学設計，体系的アプローチ，培風館（1995）
3) ja.wikipedia.org/wiki/ハニカム構造
4) http://kumamushi.net/?workshop
   東京大学第1回クマムシ研究会資料（堀川大樹：クマムシはどこまで耐えられるのか）
5) ja.wikipedia.org/wiki/圧縮機

[†1] 論文誌の巻番号は太字，号番号は細字で表記する。
[†2] 本書に掲載される URL については，編集当時のものであり，変更される場合がある。

引用・参考文献　193

6) 石川晴雄：多目的最適化設計−セットベース設計手法による多目的満足化−，コロナ社（2010）
7) 吉村允孝：モノづくりにおけるシステム最適化，p26，養賢堂（2007）
8) 山川　宏 編：最適設計ハンドブック，p.73，朝倉書店（2003）
9) 畑村洋太郎 編，実際の設計研究会 著：続・実際の設計，日刊工業新聞社（1992）
10) 文献 9) の p93， 11) 文献 9) の p.77
12) コニカミノルタ web ページ
www.konicaminolta.jp/about/csr/environment/recycle/saving_resource.html#anc01
13) 旭化成グループ RC 報告書 2004
www.asahi-kasei.co.jp/asahi/jp/csr/report/pdf/rc_report2004jp.pdf
14) 資源エネルギー庁資料
www.enecho.meti.go.jp/energy/newenergy/newene06.htm
15) 文献 6) の p.2
16) www.asahi.com/business/update/1125/NGY200911250036.html
2009 年 11 月 25 日
17) 文献 6) の p.3
18) 車体構造設計技術の新展開フォーラム（自技会：2002 年 7 月）−初期設計での解析と環境対応−

【3 章】
1) トヨタ自動車 web ページ
http://www.toyota.co.jp
2) 国土交通省 web ページ
http://www.mlit.go.jp/common/000139542.pdf
3) ja.wikipedia.org/wiki/ダブルスキン構造
4) 大西剛司：より強く，より軽い構体を探求する，近畿車輛技報 12 号，pp.6 ～ 7（2005）
5) 物質・材料研究機構プレスリリース（2007）
6) 稲葉　敦 監修：LCA の実務，p.58，産業環境管理協会（2005）
7) knak.cocolog-nifty.com/blog/2010/06/79-23-e1b1.html
8) （図 3.10 の実績）
http://www2.ttcn.ne.jp/honkawa/5500.html
9) （図 3.10 の予測） Hatch, IISI
10) 日本財団図書館 web ページ

nippon.zaidan.info/seikabutsu/2002/00320/contents/014.htm
11) 仁平宣弘，朝比奈奎一：機械材料と加工技術，p.280，技術評論社（2003）
12) 日本ガイシセラミックアカデミー web ページ
www.ngk.jp/academy/course01/08.html

【4 章】

1) 日本機械学会 編：機械工学便覧，デザイン編 $\beta 4$　機械要素・トライボロジー，p.53，日本機械学会（2005）
2) 文献 1) の p.6，　3) 文献 1) の p.15，　4) 文献 1) の p.67，　5) 文献 1) の p.68
6) 石川二郎：新版機械要素（2），p.79，コロナ社（2001）

【5 章】

1) 塩谷景一：形状処理技術，p.101，日刊工業新聞社（1989）
2) 米国運輸省道路交通安全局（NHTAS）web ページ
www.ncac.qwu.edu/
3) 日本設計工学会 編：3 次元 CAD 実践活用法，p.5，コロナ社（2006）

【6 章】

1) 三好俊郎：有限要素法入門，培風館（1978）
2) 堀辺忠志：VisualBasic でわかるやさしい有限要素法の基礎，森北出版（2008）
3) 中原一郎：実践材料力学，p.170，養賢堂（1996）

【7 章】

1) 日本機械学会 編，機械工学便覧，デザイン編 $\beta 3$　加工学・加工機器，日本機械学会（2006）など
2) 萩原芳彦 監修：ハンディブック 機械 改訂 2 版，p.241，オーム社（2007）
3) 関口久美ほか：機械工学概論，p.181，コロナ社（2001）
4) 文献 3) の pp.180-182，　5) 文献 3) の p.158，　6) 文献 2) の p.200
7) JSME S 003，鋳造品の形状設計，p.11（1982）
8) 小林金属株式会社 web ページ
www.kobac-j.co.jp/die_casting/proses.html
9) 文献 1) の p.95，　10) 文献 1) の p.126，　11) 文献 1) の p.123，　12) 文献 1) の p.124
13) 野口　徹，中村　孝：機械材料工学，p.12，工学図書（2001）
14) 文献 1) の p.105，　15) 文献 2) の p.219

【8 章】

1) 日本ロボット工業会 web ページの統計データより
www.jara.jp/data/0.3html

索　引

あ

アクチュエータ　163, 169, 183
アセンブリ　121
圧延加工　159
アップグレード　63
アルミ合金鋳物材　90
アルミニウム合金　88
アルミニウム合金展伸材　89
安全衛生法　176

い

意匠設計　122
位置センサ　179
一般構造用鋼　87
一般的目的　15

う

運動伝達要素　8

え

永久伸び　83
エスカレータ　182
エレベータ　183
円筒外面研削　150

お

応力{σ}-ひずみ{ε}
　関係式　130, 134
応力集中係数　142
応力集中問題　51
応力-ひずみ関係式　130
押出し加工　157

か

外界センサ　170
解　析　14, 37

解析的解析　128
解探索　25
概念設計　25
開発設計　11, 25
改良設計　12
加工基準　58
加工シミュレーション　122
加工性　72, 79
加工精度　147
加工法　53
荷重-伸び線図　83
仮想仕事の原理　135
加速度センサ　180
型鍛造　157
可能性分布　48, 49
環境負荷対応　61

き

キー　105
機械機能の抽出　11
機械構造用セラミックス　94
機械構造用炭素鋼　87
機械的性質　79, 83
機械要素　7, 53, 96
規格化　8, 99
規格品　53
幾何公差　54, 56
機　器　5
器　具　4
機構展開　37
機構（メカニズム）　11
基準寸法　53
機　素　7
機能性材料　86
機能展開　25
技術システム　31
競合関係　47

協調工学　23, 68
共通集合　49
強　度　128
近似解析　50

く

駆動方式　168
組込みシステム　172, 189
組立性　59

け

形状関数　132
形態情報　36
軽量化　72
研削加工　150

こ

工　具　4
公　差　54
剛　性　128
構　造　4
構造化　11, 40
構造化設計　39
構造材料　85
降伏応力　83, 84
小型モータ　179
国際標準化機構　7
コスト　79
固定軸継手　108
転がり軸受け　109
コンカレントエンジニアリング
　　23, 68
コンピュータ技術　163

さ

最小化　47
細分化　25

索　引

材料の選定	71
サブアセンブリ	96
サーフェスモデル	115
3 R	62, 76
三角形要素	130
産業用ロボット	164, 173
3次元CADシステム	120
3次元CADモデル	51

し

軸受け	109
軸継手	108
試験方法	83
自在継手	108
自然システムの分析	30
事前的検討	46
自動預け払い機	187
自動改札機	185
自動化ライン	173
自動販売機	184
支配方程式	129, 130
絞り	83
シミュレーション	48
車軸	8
修正設計	12
自由鍛造	155
自由度	17
周辺要因	41, 46
出図	23
出力機能	21, 28
詳細設計	39, 71
初期設計	25, 34
初期値	48

す

数理計画問題	47
スケールアップ・ダウン設計	12
ステッピングモータ	190
砂型鋳造	152
スプライン	107
滑り軸受け	109
寸法公差	54, 55
寸法指定	58

せ

性能の割付け	43
性能変数	48
性能変数範囲	49
製品企画	19, 45
制約条件	16, 40, 52
設計解原理	30, 35, 39
設計企画	21, 45
設計プロセス	125
設計変数	48
設計変数範囲	50
切削加工	146
セットベース設計	48
セラミックス	92, 94
選好度	49
センサ	163, 170
センサフュージョン技術	170
全自動洗濯機	188
全体剛性マトリックス	137
全体設計解	36
全体的設計解	39

そ

総合	14, 37
装置	5
塑性加工	155
ソリッドモデル	115, 121

た

ダイカスト	154
耐力	83, 84
多目的最適設計問題	47
多目的設計	39, 45
たわみ軸継手	108
単純化	25
弾性体	51, 129
鍛造加工	155

ち

知能化技術	191
鋳造加工	152
長寿命化	62

つ

つり合い方程式	130

て

定型的設計	12
電子料金収受システム	186
伝動軸	8
電動モータ	169

な

内界センサ	170
内面研削	151

に

日本工業規格	7
入力機能	21, 28

ね

ねじ	100

の

伸び	83
ノンヒストリーベース	119

は

廃棄物発電	65
ハードディスクドライブ	189
はめ合い	55
パラメトリックデザイン	51, 118
パラメトリックモデリング機能	117
パレート最適解	47
搬送機構技術	181
半導体	172, 177
半導体製造装置	178
万能試験機	85

ひ

引抜き加工	158
ヒストリーベース	119
ヒストリーベース機能	117
引張試験	81
引張試験機	85
引張強さ	83
標準化	8, 99
標準品	53

ふ

フィーチャーベース	119
フィーチャーベースモデリング機能	117
フィードバック制御	171, 183
不確実性	69
普通公差	55
部　品	7, 53
プラスチック	92
プレス加工	160
プロペラ軸	8

へ

平面応力	134
平面研削	150
平面ひずみ	134
変位関数	131
変位－ひずみ関係式	130, 132

ほ

ポイントベース	48, 51
ポイントベース設計	46
法規制	42
補助要因	41

ま

マイクロコンピュータ（マイコン）	172, 177, 179, 189
埋蔵資源量	75
曲げ加工	160

め

メカトロニクス	163
メンテナンス	42, 62

も

目的関数	47
目的の明確化	11
文字認識技術	181
モジュール	8
模倣設計	12

ゆ

油圧アクチュエータ	169
有限要素解析	125
有限要素法	51, 128
郵便番号自動読取り区分装置	181
ユニット	8, 53

よ

要求の満足化	11
要素剛性マトリックス	136
要素分割	51

ら

ライフサイクルアセスメント（LCA）	61
ライフサイクルオプション	62
ライフサイクル設計	68

り

リサイクル	64, 76
リサイクル性	79
リデュース	62, 76
リニアモータ	190
流用設計	12
リユース	63, 76

れ

レイアウト	42
レイアウト設計	175

ろ

労働安全衛生法	42

わ

ワイヤフレームモデル	115

B

B-reps	116

C

CAD モデル	39
CAE	121
CAM	122, 173
CNC	122, 125
CSG	116

H

Hook 則	129

I

ISO（国際標準化機構）	7, 99

J

JIS（日本工業規格）	7, 99

L

LCA	78

N

NC 機械	172

P

PSD	49

―― 編著者・著者略歴 ――

石川　晴雄（いしかわ　はるお）
1972 年　電気通信大学電気通信学部機械工学科卒業
1974 年　電気通信大学大学院電気通信学研究科
　　　　修士課程修了（機械工学専攻）
1977 年　東京大学大学院工学系研究科博士課程
　　　　修了（機械工学専攻）
　　　　工学博士
1977 年　電気通信大学助手
1985 年　電気通信大学助教授
1992 年　電気通信大学教授
　　　　現在に至る

中山　良一（なかやま　りょういち）
1973 年　電気通信大学電気通信学部機械工学科卒業
1975 年　電気通信大学大学院電気通信学研究科
　　　　修士課程修了（機械工学専攻）
1975 年　株式会社東芝入社
1978 年　株式会社東芝 原子力技術研究所
1998 年　株式会社東芝 総合企画部
2002 年　東芝総合人材開発株式会社
　　　　兼　株式会社東芝業務人事部人材開発部長
2010 年　東芝総合人材開発株式会社顧問（常勤）
　　　　退任
2010 年　工学院大学教授
　　　　現在に至る

井上　全人（いのうえ　まさと）
2000 年　慶應義塾大学理工学部機械工学科卒業
2002 年　慶應義塾大学大学院理工学研究科修士課程
　　　　修了（総合デザイン工学専攻）
2005 年　慶應義塾大学大学院理工学研究科博士課程
　　　　修了（総合デザイン工学専攻）
　　　　博士（工学）
2003 年　慶應義塾大学助手
2006 年　電気通信大学助手
2007 年　電気通信大学助教
2012 年　明治大学専任講師
　　　　現在に至る

現代設計工学
Modern Design Engineering　　　　　　　ⓒ Ishikawa, Nakayama, Inoue 2012

2012 年 4 月 20 日　初版第 1 刷発行　　　　　　　　　　　★

検印省略	編著者　石　川　晴　雄 著　者　中　山　良　一 　　　　井　上　全　人 発行者　株式会社　コロナ社 　代表者　牛来真也 印刷所　新日本印刷株式会社

112-0011　東京都文京区千石 4-46-10
発行所　株式会社　コロナ社
CORONA PUBLISHING CO., LTD.
Tokyo　Japan
振替 00140-8-14844・電話 (03) 3941-3131 (代)
ホームページ http://www.coronasha.co.jp

ISBN 978-4-339-04625-0　（吉原）　（製本：愛千製本所）
Printed in Japan

本書のコピー，スキャン，デジタル化等の無断複製・転載は著作権法上での例外を除き禁じられております。購入者以外の第三者による本書の電子データ化及び電子書籍化は，いかなる場合も認めておりません。

落丁・乱丁本はお取替えいたします

機械系教科書シリーズ

(各巻A5判)

- ■編集委員長　木本恭司
- ■幹　　　事　平井三友
- ■編集委員　　青木　繁・阪部俊也・丸茂榮佑

	配本順	書名	著者	頁	定価
1.	(12回)	機械工学概論	木本恭司 編著	236	2940円
2.	(1回)	機械系の電気工学	深野あづさ 著	188	2520円
3.	(20回)	機械工作法(増補)	平井三友・和田任弘・塚本晃久・本田義久 共著	208	2625円
4.	(3回)	機械設計法	朝比奈奎一・黒田孝春・山口健二・古川勉・荒井志誠・吉村斎己・浜井洋蔵 共著	264	3570円
5.	(4回)	システム工学	久保克徳・樫原恵 共著	216	2835円
6.	(5回)	材料学	佐藤次男・理良一 共著	218	2730円
7.	(6回)	問題解決のための Cプログラミング	村田昭郎 共著	218	2730円
8.	(7回)	計測工学	前田良一・木村雅晴・押野俊之・牧野榮・生高部恭忠 共著	220	2835円
9.	(8回)	機械系の工業英語	阪本東・丸木民司・藪伊悼男・井本司紀 共著	210	2625円
10.	(10回)	機械系の電子回路		184	2415円
11.	(9回)	工業熱力学		254	3150円
12.	(11回)	数値計算法		170	2310円
13.	(13回)	熱エネルギー・環境保全の工学	崎山藤本民恭友・松今宮浩一明 共著	240	3045円
14.	(14回)	情報処理入門 ─情報の収集から伝達まで─	下城武明・雅夫義 共著	216	2730円
15.	(15回)	流体の力学	坂田口光紘・坂本雅雄彦 共著	208	2625円
16.	(16回)	精密加工学	明田吉石村剛一 共著	200	2520円
17.	(17回)	工業力学	米内山夫誠 共著	224	2940円
18.	(18回)	機械力学	青木繁 著	190	2520円
19.	(19回)	材料力学	中島正貴 著	216	2835円
20.	(21回)	熱機関工学	越智敏・老固本・吉部田・阪田・飯川明一光也 共著	206	2730円
21.	(22回)	自動制御	早機野松矢重大・俊賢弘順洋敏・弘明彦一男 共著	176	2415円
22.	(23回)	ロボット工学		208	2730円
23.	(24回)	機構学		202	2730円
24.	(25回)	流体機械工学	小池茂勝 著	172	2415円
25.	(26回)	伝熱工学	丸尾匡州・矢野秀・牧境 共著	232	3150円
26.	(27回)	材料強度学	境田彰芳 編著	200	2730円

以下続刊

生産工学　本位田・皆川共著　　　CAD／CAM　望月達也著

定価は本体価格＋税5％です。
定価は変更されることがありますのでご了承下さい。

図書目録進呈◆